NONFICTION
論創ノンフィクション
060

# 私たちは動物とどう向き合えばいいのか

## 不都合で困難な課題を解決するために

石川未紀



論創社

# まえがき

人は動物とどのように向き合えばいいのか。

この答えのない命題に取り組むきっかけになったのは、二〇二〇年の春、娘の大学の「オンライン授業」だった。コロナ禍で外出がままならない彼女は、しばしばリビングに陣取って聴講していた。

ある日のこと、「生命倫理学」という授業だったと思う。「同じ動物でも、家畜はなぜ殺されて食べられてもいいのか」というような命題が、たまたま私の耳に入った。私には、その問いかけが正しいかどうかもわからない。いずれにせよ、授業のたびに「う～」となり、困っている彼女が、最も答えに窮した回でもあった。

当時、私は『望星』という雑誌で、野生動物や捨てられたペットについての特集を企画し、取材を続けている最中でもあった。

私は動物に対して特別な思い入れがあるわけではない。これまでペットを飼ったことはないし、飼いたいと思ったこともない。強いて言えば、学校の理科の授業で使用したメダカを持ち帰り、飼っていた経験がある程度だ。

動物愛護に対する関心も高いほうではなかった。だが近ごろ、アライグマなど、人間が飼っていた動物が捨てられ、それが自然繁殖して数を増やし、人間の生活を脅かしているというニュースを見かけるようになった。その実態を知るにつけ、「滑稽だ」「自業自得だ」と言い放って済ませるわけにはいかないような危機感を覚えた。

日本はこれから人口減少時代に突入し、人が動物を管理しない、あるいはできない地域があちこちで出てくるだろう。そのとき、野生動物たちの逆襲は始まる。いや、すでに始まっているのかもしれない。

大型の哺乳類が直接、人を襲うだけではない。動物由来の感染症が人間の健康に大きな影響を及ぼす可能性もある。いやいや、そんなSF映画みたいなことは起きないだろう、と思いたいところだが、いざ取材してみると、そんな悠長なことを言っていられないほどの事態の深刻さに気づかされた。

一方で、ペット産業は衰えるところを知らない。人気の犬種や猫種は高値で売買され、珍獣や爬虫類など、変わった動物を飼いたい人も数多くいる。犬カフェや猫カフェなども人気スポットだ。

愛玩動物に対する「愛」も、日々進化している。「ペットは家族の一員」というとらえ方に異議を唱える人はあまりいないだろう。ペット雑誌などでは、犬や猫という表記そのものがNGとされているケースもある。犬や猫を指し示す場合は、飼い主と話すときであれ、文字にするときであれ、「犬」「猫」ではなく、「ワンちゃん」「猫ちゃん」と呼ぶのが常識だ――そんな注意を、取材先の人から受けたこともある。

それくらい、人とペットとの距離は近くなっている。人間の子はいずれ独り立ちしていくが、ペットは永遠に「子ども」だ。だからこそ、かわいいし、愛おしいのだとも言える。当たり前の話だが、愛玩動物を管理する主体は人だ。だから、飼いはじめた人は、その動物を最期まで責任を持って飼わなくてはいけない。しかし、そういう言い方をすると、ペットの飼い主の多くは、自分が飼っている動物について「管理」などしているつもりはない、と反発を示す。

もちろん、長く飼っていれば情も移るだろうから、「管理」という硬質でよそよそしい言葉に違和感を覚えるのも理解できる。が、ペットであれ家畜であれ、人の管理下にあるという意味では変わらない。

東京・品川の高層ビルが建ち並ぶそのすぐ脇に、東京都中央卸売市場食肉市場がある。近くの道路を走るトラックの荷台で静かにたたずむ牛を見た日は、肉を食べる気になれない。たまたますれ違った私でさえ、そのような感傷に浸ってしまう。一生懸命に育ててきた生産者にとっては、「いい牛に育った」という満足感がある一方、「かわいい子どもを、涙をのんで送り出す」というような感傷もあるだろう。

人とともに暮らすペットと、人に食べられるために育てられる家畜。いずれも命を持つ動物であることには変わりがない。だからペットをかわいがるのはＯＫで、家畜を食べるのはよくないなどと言うつもりはない。ベジタリアンになろうと呼びかけるつもりもない。ただ私たちは、動物をめぐるこの大いなる矛盾のなかで生きている。そのことはしっかりと自覚したいと思っている。

そして、私たちは動物に対して、常に「いい人」であるというわけではない。自分の身を守るため、食べるために殺すこともあれば、嫌悪感や恐怖心から排除したり殺したりすることもある。

明治初期には、オオカミがその対象となり、オオカミ狩りは懸賞の対象となった。結果、ニホンオオカミは約一〇〇年前に絶滅してしまった。オオカミがいなくなったことで、クマやシカが増えたと言われるが、その説が本当かどうかは定かではない。

もちろん、オオカミは人を襲うこともある。しかし、それはクマやシカも同じだ。「見た目」や「イメージ」で動物たちの運命が左右されることも実は多いのではないか、と私は思う。

これはあくまでも人間の都合による視点かもしれないが、人間と動物がお互いに適した場所で暮らせば、利害が衝突することも少なくなり、人間はより多くの動物を慈しむことができるのではないだろうか。また、お互いが適度な距離を保つことができれば、そのことが結果として、人間が動物の命や権利を尊重することにつながるのかもしれない。

無数の情報が飛び交う時代になったとはいえ、動物にまつわる問題については、「不都合な真実」が見えづらくなっている。

ペット産業における無理な繁殖、効率を最優先して劣悪な環境で飼養される家畜たちなど、動物に対する理不尽な仕打ちや支配、残酷さを見る機会はほとんどないまま、現在の日本で多くの人は暮らしている。また、飼育放棄された外来生物たちが生態系を攪乱していることも、あまり知られていない。

私が日々、人間と動物の関係について疑問に思ってきたことは、『望星』での取材を通して一部が明らかになった。その一方で、取材をすればするほど悩みも深くなった。

はたして、私たちはこの世界で、動物とどう向き合い、どう共に生きていけばいいのだろうか。その問いかけについて、最近、欧米で台頭してきている「アニマルウェルフェア」の考え方もからめながら考えてみたい。

目次

## 第4章　人間に運命をゆだねた家畜たち　117



## 第5章　ジレンマに立つ実験動物　143

# 第1章　巨大市場と化したペット産業の行方

## 捨てられたペットはどこへ？

かつて、動物愛護センターに持ち込まれる動物の多くは殺処分されていたが、最近はそれをできるだけ減らそうという機運が高まっている。「ペットは最期まで面倒をみましょう」という啓発活動の効果もあってか、実は犬猫の殺処分数は年々減少している。二〇〇四年、犬が約一五万六〇〇〇匹、猫が約二三万九〇〇〇匹だった殺処分が、二〇二三年には、犬は約二四〇〇匹。猫は約九五〇〇匹まで減った。

神奈川県では、県動物愛護センター（平塚市）で二〇二三年度に保護した犬猫の殺処分数がゼロとなった。犬は一一年連続、猫が一〇年連続殺処分ゼロ。新たな飼い主を探す活動が実を結んだかたちだ。「終生飼養」を呼びかける同県による啓発や、迷い犬・猫が確実に飼い主のもとへ戻れると期待されているペットへのマイクロチップ装着の推奨などの効果、そして熱意あるボランティアの活動成果が数字に表れてきた。

その他の自治体や関係省庁も「殺処分」ゼロを目指しており、関連情報を積極的にウェブで配信している。たとえば、東京都動物愛護相談センターのホームページには、犬猫の譲渡会のお知らせが掲載されている。

東京都内で、捨て犬・捨て猫・保護犬・保護猫の新たな飼い主探しを非営利の活動とし

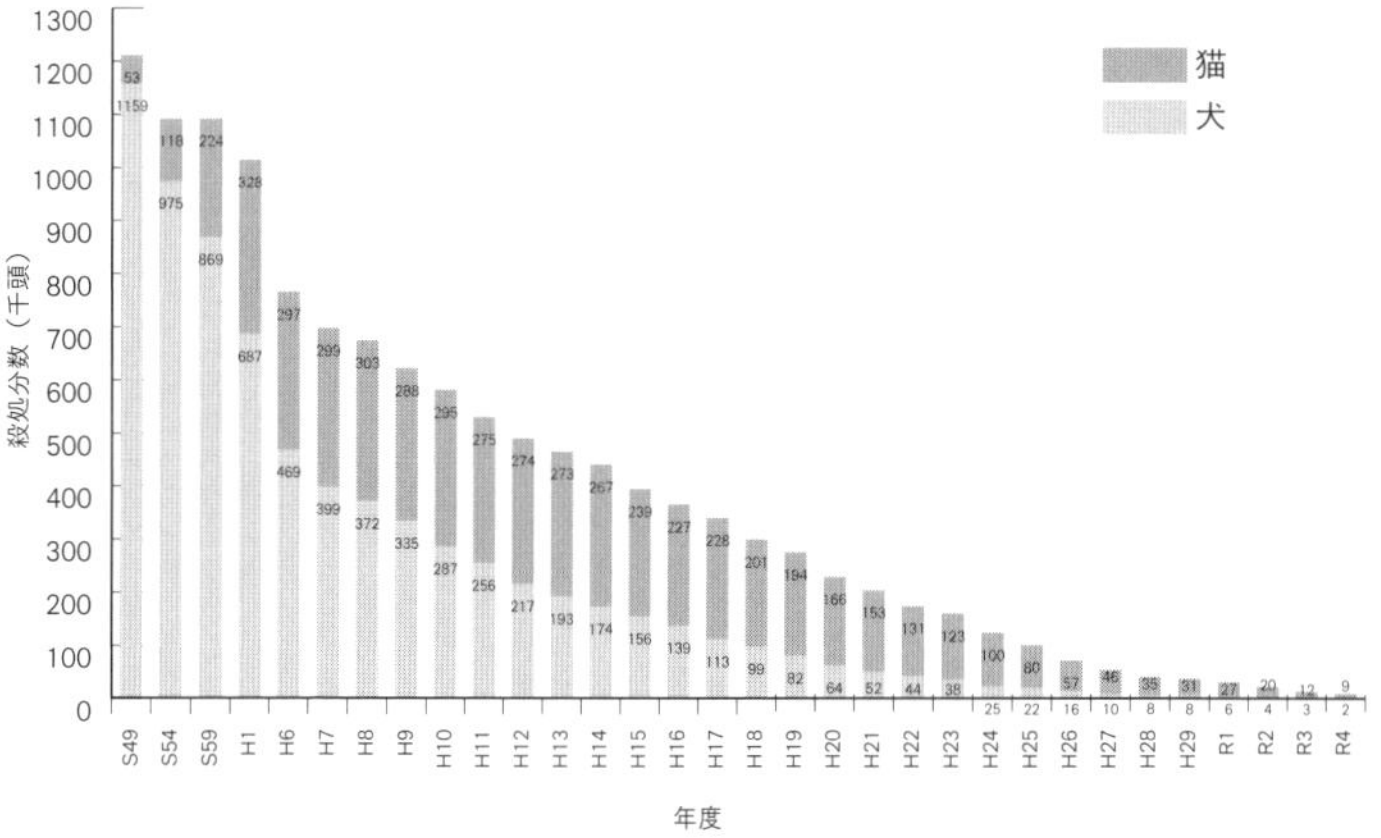


**全国の犬・猫の殺処分数の推移（環境省）**

ておこなう団体（東京都譲渡対象団体）は、五〇近くある。このような団体は全国にあり、各地で新たな飼い主探しがおこなわれているため、犬や猫の殺処分は減りつつある。

こうした活動は、頻繁にメディアなどでも紹介される。よって、新たにペットを飼いたいと思う人の間でも、ペットショップ以外の新たな入手の選択肢として、譲渡会を考えるケースが増えてきた。

ただ、手放しに喜べない実態もある。

保護された犬や猫、あるいはウサギなどの小動物のなかでも、若くて健康な個体には新たな飼い主が見つかりやすい。譲渡会を頻繁に訪れて、気に入った個体との出会いを待つ人もいる。一方、高齢であったり、病気や障害があったりする犬や猫は、なかなか引き取り手が見つからない。それでも「殺処分ゼロ」を目指すためには、このような犬や猫についても飼い主を探さなくてはならないのだ。譲渡団体としても引き取り手が見つからず、保護犬・保護猫を飼った実績のある人を当てにしているケースもある。かつて保護犬・保護猫を譲り受け、よい環境のもとで命をまっとうさせた経験のあるAさんは、さらに別の保護犬・保護猫を引き取ってほしいと譲渡団体から持ちかけられることもあるという。

困難を抱えている犬や猫を、信頼できる人物に託したいということなのだろう。「今は猫が一匹いるから積極的に飼うつもりはない」とAさんがやんわり断っても、「Aさんのところならきっとこの犬は幸せになれる」「Aさんのうちの子になれそうな犬です」と押し切られ、引き取りを決めたこともあるそうだ。もちろん、経緯はどうあれ、引き取った以上、Aさんは愛情を注ぎ、命が尽きるまで責任を持って飼っている。

しかし、現実を見れば、日常の世話だけでなく、金銭的な負担もばかにならない。動物に対する倫理意識や愛情があり、経済的に余裕があって、保護犬や保護猫をめぐる過酷な状況も理解したうえでペットを飼い続けられるという人は限られる。

自分がそのうちの一人なのだという自覚を、Aさん自身が持っているかどうかはわからない。いずれにしても、私の目にはAさんが、無責任な飼い主たちの「尻ぬぐい」をさせられている、とも映る。

犬猫のシェルター（殺処分の対象となる犬猫を引き取り、新たな飼い主を探す保護施設）などには、「譲渡会」と銘打って大々的にイベントをおこなわないところもある。そうしたイベントのかたちをとると、ペットショップのような感覚で安易に足を運ぶ人も多いからだ。捨てられたり、災害などで飼い主と離れたりした動物たちは、神経質であったり、人になつかなかったりする。そうした犬や猫を飼うには、動物に対する一定の知識も必要になるし、根気もいる。

どんな相手であれ、譲渡しさえすれば終わり、というわけにはいかない。よって、口コミを利用して、覚悟を持って責任をまっとうしてくれる人に犬や猫を手渡したいというのが彼らの本音だ。しかし、譲渡までに時間がかかれば、そのぶんコストもかかる。非営利の活動であるため、まじめな団体ほど困窮し、保護する犬や猫が増え続ければ、飼育環境も悪くなる。

## 犬猫殺処分減少の陰で

殺処分ゼロを目指すのはよいが、実態と理想には乖離がある。

犬や猫の譲渡をおこなう団体は、引き取り手を飼育経験のある人に限定したり、飼う動物の特性や、散歩のさせ方などについて講習受講を義務づけたりしているところも少なくない。だが、条件を多く課せば、それだけ飼い主探しが困難になる。団体の多くは寄付金などを募って運営しており、熱心なボランティアによって何とか活動をつないでいる状態だ。自治体も、そうした団体に頼らざるをえない。

保護犬・猫の活動が世の中に周知されつつあり、近ごろでは保護犬や保護猫を引き取って飼うケースも増えている。好ましい方向であることは間違いないが、飼う側の意識も多様になり、動物を飼いたいときは保護犬・猫のシェルターから引き取ればよい、と安易に考えるケースも増える。そのため、昨今保護犬・猫のシェルターによっては、多頭飼育は認めない、飼い主の年齢を制限する、万が一飼えなくなった場合の譲り先をあらかじめ指定をする、などの規定を設けるなど、条件を厳しくする団体もある。

しかし、ペット関連の雑誌編集者は、「保護犬のシェルターなどが認知されたことによって、引き取り手が増えた一方、コロナ禍を過ぎた今、シェルターにペットを持ち込む人も増えている」と聞いたそうだ。何とも皮肉なことでもある。

官公庁や自治体のホームページなどには、飼いたい動物の特性や飼育に必要な環境を事前に調べること、ペットの生涯にわたる計画を立てること、家族の同意やアレルギーの有無など、ペットを飼う前に注意すべき事項が掲載されている。

一方、ペットショップをはじめ、ペットを販売する立場にある民間会社の情報も、ネットでは次々に配信されている。テレビでも、ペット自慢の投稿動画や、芸能人がペットを世話したりする様子などがよく放映されている。

動物はかわいい。芸能人が動物に対してやさしく世話をしている姿をテレビなどで観れば、「自分もあのようにかわいい動物を愛でたい。そして、あのように動物に対してやさしい人間でありたい」といった欲求が、視聴者の間で高まるのも当然だろう。

また、SNSを使えば、誰でもいつでも自身の愛犬や愛猫の姿を投稿できる。そのようにして、飼われている犬や猫の姿を目にする機会が増えれば、そのかわいさから欲しくなる人も増える。

ネットには、人気の犬種や猫種が掲載され、ランキングまで載っている。「病気をしにくいのは○○」などという情報もある。愛玩動物に「相場」という言葉は使いたくない。しかし、犬や猫も人気の浮き沈みによって値段が変わるのが実状だ。人気がなくなれば「売れ残り」になる。

パンフレット
「捨てず 増やさず 飼うなら一生」
（環境省自然環境局）

そして、時に痛ましい事件が起こる。

二〇一四年、栃木県の鬼怒川《きぬがわ》河川敷で、四〇匹を超える小型犬の死骸が見つかった。その数日後も、そこから約一五キロメートル離れた同県那珂川町《なかがわまち》の山林で、二七匹の犬の死骸と八匹の生きた犬が発見された。産経ニュースから引用しよう。

捨てられていたのは、いずれもトイプードルやミニチュアダックスフンドといった愛犬家に人気の小型犬。爪は伸び、一部はフィラリアに感染するなど劣悪な状態で飼育されていたとみられ、悪質なブリーダー（繁殖業者）の関与が疑われた。裏付け捜査を進めた県警は一八日、廃棄物処理法違反や動物愛護法違反の容疑などで、出頭した無職男性（三九）を逮捕。県内外のペットショップで働いていた経験があり、〝愛知県内のブリーダーの知人から犬を引き取ってほしいと頼まれた〟などと説明した。（中略）引き取った犬について〝売るか譲渡するつもりだったが、思った以上に衰弱していた〟とも説明していたが、引き取る際に、知人から現金一〇〇万円を受け取っていた。

（産経ニュース、二〇一四年一一月二三日付）

二〇一三年九月に施行された改正動物愛護管理法では、業者からの犬や猫の引き取りを自治体が拒否できるようになった。だが、売れ残ったり余ったりした犬や猫を適切に飼育できているかという監視は、十分に働いていない。

二〇二一年の秋には長野県松本市で、販売目的で繁殖業を営む男性二人が、多数の犬を虐待したとして、動物愛護管理法違反で逮捕されている（朝日新聞デジタル、二〇二一年一一月四日付）。

一〇〇〇匹近くの犬が、狭いケージに入れられ、糞尿は垂れ流しなど、劣悪な環境のもと、二カ所で飼育されていた。そして、適切な措置をされていなかった四〇〇匹を超える犬に対して、虐待がなされた疑いが持たれている。乳腺に腫瘍があったり、子宮に膿がたまっていたり、失明したりしている犬もいた。全国に例を見ない多頭飼育として注目されたが、現場を想像するだけでぞっとする。

こうした事件を、単に「とんでもない悪徳業者」という話にしてしまっていいのだろうか。繁華街のペットショップでは、子犬や子猫が愛くるしく駆け回る。十分な広さとはいえないにしても、そこそこの空間は確保されている。清潔感あふれる明るい店内にいる犬や猫の姿から、彼らの繁殖が劣悪な環境でおこなわれていることなど想像できるだろうか。

## 飼い主の問題

買い手は、よく考えてほしい。売れ残りの犬や猫、その親犬や親猫は、いったいどこにいるのだろう。その行方を知らないというより、知りたくないというのが買い手の本音ではないか。

公益財団法人「動物環境・福祉協会Ｅｖａ」の理事長を務める俳優の杉本彩さんは、ペットショップで動物を買うこと自体をやめようと訴えている。ちなみにドイツなどのペットショップでは、エサやグッズは売られているが、ペットの生体販売はほとんどおこなわれていない。

もちろん、ブリーダーやペットショップから買うことにもメリットはある。買った犬や猫の健康状態や特徴、育て方、世話の仕方などについてアドバイスを受けることができるからだ。ただしそれは、良心的なブリーダーやペットショップの場合だ。

一方で、消費者のニーズに合わせて、無理な繁殖を繰り返す業者も後を絶たない。現在は、夜間にペットを販売することが禁止されている。しかし少し前まで、夜の繁華街でペットが売られているのは普通に見かける光景だった。命あるものを酔客相手に売ることに、私は違和感を抱かざるをえない。ペットを飼う人たちのなかにも、こうした現状を憂いている人がいる。

飼い主に対して、終生飼養などの責任を啓発するだけでは解決には至らない。いっそのこと、飼う能力があるかどうかを判定する試験をおこなったり、ペット税を徴収したりするといった行政レベルの対応が必要ではないかといった声も、保護犬活動のボランティアや飼い主の間からは聞かれた。

昨今は、繁殖業者以外の飼い主による多頭飼育や動物虐待、危険動物の飼育放棄も大きな社会問題になっている。

二〇二〇年三月末に札幌の一軒家で二三八匹の猫が保護されたというニュースは、記憶に残っている人がいるかもしれない。二階部分には、猫の骨が大量に散らばっていて、保護されたなかには妊娠中と思われる猫も複数いた。つまり、猫たちはこの家の中で繁殖していたと考えられている。

いずれにしても、二三八匹という数は、個人で飼いきれるものでないことは明らかだ。常識を逸脱した多頭飼育に関しては、飼う側が、その事実を客観的に判断できない場合もある。そのような場合には、動物の保護だけでなく飼い主への援助が必要になる。

ほかにもペットを死に至らしめるところまでいかなくても、飼育を放棄したり、虐待場面をSNSなどに投稿したりするなど、悪質と思わざるをえないケースもある。

ペットを飼う人が増え、種類も多様化すれば、ペットをめぐる考え方や飼育の仕方も多様化する。だが、そろそろペット業界の構造も含め、根本的な議論がなされる時期なのではないか。

## ペットの数は増え、寿命は延びている

二〇二三年の全国犬猫飼育実態調査（一般社団法人「ペットフード協会」による）の結果を見ると、犬・猫の推計飼育頭数（調査結果には「頭数」とあるが、本書では「匹」で統一する）の全国の合計は、一六〇〇万匹弱。ちなみに「こどもの日」に合わせて総務省が発表した一

五歳未満の子どもの人口は、四三年連続減少で、一四〇一万人だった。

つまり、一五歳未満の子どもよりも犬や猫のほうが、数が多い。同調査の内訳では、犬が約六八四四万匹で猫が約九〇七万匹。対象は犬と猫に限っており、ほかのペットは含まれない。猫に至っては、地域猫などカウントされないケースもある。

ただし、ペットの数は、戦後になって増え続けてはいるものの、ここ最近は、犬は減少傾向にあり、猫は横ばいが続いている。飼育環境を整えることや「終生飼養」が強く求められるようになったうえ、集合住宅などではペットの飼育に制限があることも、飼育の増加が抑制されている一因なのかもしれない。高齢化が進み、「最期まで面倒をみる自信がない」「別れがつらい」といった六〇代や七〇代の人々が、ペットを持つことを躊躇するケースも増えている。

調査では、犬と猫それぞれの飼育阻害要因についても触れている。

**阻害要因　非飼育者&飼育意向あり―犬**

1　別れがつらい　二六・四%
2　旅行など長期の外出がしづらくなる　二五・四%
3　集合住宅に住んでいて禁止されている　二五・二%
4　お金がかかる　二三・〇%

| | | 2024年<br>4月1日現在 | 2023年<br>4月1日現在 | 対前年<br>増減数 |
|---|---|---|---|---|
| こどもの数（万人） | 男女計 | 1401 | 1435 | -33 |
| | 男 | 718 | 735 | -17 |
| | 女 | 683 | 700 | -16 |
| | 人口性比 | 105.0 | 105.0 | 0.0 |
| 総人口（万人） | 男女計 | 12400 | 12455 | -55 |
| | 男 | 6033 | 6057 | -25 |
| | 女 | 6368 | 6398 | -31 |
| | 人口性比 | 94.7 | 94.7 | 0.0 |
| 総人口に占めるこどもの割合（%） | | 11.3 | 11.6 | -0.2 |

注）表中の数値は、単位未満を四捨五入しているため、合計の数値と内訳の計が一致しない場合があります（以下同じ）。

男女別こどもの数（総務省統計局）

5　十分に世話ができないから　二一・九％

**阻害要因　非飼育者&飼育意向あり——猫**

1　集合住宅に住んでいて禁止されている　三二・六％
2　お金がかかる　二三・八％
3　別れがつらい　二一・五％
4　旅行など長期の外出がしづらくなる　二一・三％
5　十分に世話ができないから　一八・一％

例年、飼育の阻害要因として、犬は「別れがつらい」「旅行など長期の外出がしづらくなる」、猫は「集合住宅に住んでいて禁止されている」「お金がかかる」などが上位を占めている。いずれも「お金がかかる」と回答した人は多い。コロナ禍で生活が一変したことに加え、急激なインフレによって生活が困窮したことなどもあるだろう。また、ペットの健康やファッションなどに気を遣う人が増えていることも、金銭的な負担を気にする一因なのかもしれない。ペットのエサ代にしてもこの数年価格は上昇している。

一方で、環境の整備、つまり集合住宅でも飼える環境や仕組みがあり、ペットホテルの充実や同伴宿泊ができるホテルなどが増えれば、もっと多くの人がペットを飼うことが可能になるとも考えられる。

都心部にはペットホテルが多数ある。旅行中はもちろん、忙しい飼い主に代わって散歩をさせたり、しつけをしてくれたりするサービスもある。それだけではない。老犬のケアや預かりのサービスもある。

一見、犬と猫は飼いやすい方向へ向かっているようにも見える。反面、超高齢社会や災害の多さから、ペットを飼うことに躊躇を感じる人が増えているのも事実だろう。

同調査によると、犬の平均寿命は一四・六二歳、猫の平均寿命は一五・七九歳。犬は、超小型犬だと寿命が長い。また、猫の場合は「家の外に出ない」猫の平均寿命が一六・二五歳、「家の外に出る」猫の平均寿命は一四・一八歳となっている。

この長い年月を通して、飼い主自身が健康であり続け、災害に遭わず、経済的に余裕がある状態を維持し、転勤や転居に際してもペットを飼い続けられる環境を必ず整えられると確約できるのだろうか。そんな問いを投げかけられたら、いったいどれだけの人が自信を持って「できる」と答えられるのだろうか。

ちなみに環境省は、飼い主に守ってほしい五か条をホームページで公開している（飼い主の方やこれからペットを飼う方へ［動物の愛護と適切な管理］）。

**1　動物の習性等を正しく理解し、最後まで責任をもって飼いましょう**

飼い始める前から正しい飼い方などの知識を持ち、飼い始めたら、動物の種類に応じた適切な飼い方をして健康・安全に気を配り、最後まで責任をもって飼いましょう。

**2　人に危害を加えたり、近隣に迷惑をかけることのないようにしましょう**

糞尿や毛、羽毛などで近隣の生活環境を悪化させたり、公共の場所を汚さないようにしましょう。また、動物の種類に応じてしつけや訓練をして、人に危害を加えたり、鳴き声などで近隣に迷惑をかけることのないようにしましょう。

**3　むやみに繁殖させないようにしましょう**

動物にかけられる手間、時間、空間には限りがあります。きちんと管理できる数を超えないようにしましょう。また、生まれる命に責任が持てないのであれば、不妊去勢手術などの繁殖制限措置を行いましょう。

**4　動物による感染症の知識を持ちましょう**

動物と人の双方に感染する病気（人と動物の共通感染症）について、正しい知識を持ち、自分や他の人への感染を防ぎましょう。

### 5 盗難や迷子を防ぐため、所有者を明らかにしましょう

飼っている動物が自分のものであることを示す、マイクロチップ、名札、脚環などの標識をつけましょう。

この手のことが記されたパンフレットを、環境省はいくつか作成している。どれもフルカラーの写真や図解があり、誰にでもわかりやすい文章でペットの飼い方が紹介されている。たとえば、去勢に対する考え方から感染症のリスクまで、端的に記されているのだ。

こうした情報は、ペットを飼ったことがある人にとってみれば「当たり前」のものかもしれない。他方、ペットを飼ってみたい人にとっては、知っておくべき情報の宝庫となりうる。しかも、環境省のホームページでキーワード検索すれば、簡単にたどり着ける情報だ。とはいえ、はたしてどのくらいの人がこうした情報を入手し、理解し、ペットを飼う前に飼育環境を整えているのだろうか。

ペットをめぐる環境の現状や飼い主に課せられる義務についてくわしく調べたら、自分には無理だと断念する人も出てくるだろう。犬の飼育を求める人たちが横ばいというのも、災害が多く、高齢化が進んでいる日本では、ある程度納得できる。「そこまで考えていた

ら、誰もペットを飼うことはできない。そこまで考えて飼う必要はない」という人もいるかもしれない　もちろん、どんなに事前にシミュレーションしたとしても、こんなはずじゃなかったと投げ出す人もいるだろうし、たまたま捨てられた猫を拾って、行きがかり上、飼うことになったような人でも、最期まで愛情を持って飼い続けるというケースもある。けれども、やはりペットを飼う以上は、事前の万全な準備を怠らないようにしてほしいと私は思う。

先の全国犬猫飼育実態調査（飼育給餌実態と支出）によると、二〇二三年に一カ月あたりの犬や猫にかかった支出は、犬に関する支出総額（医療費等含む）が一万四二四〇円、猫に関する支出総額（同前）が八〇〇五円となっている。

日本は、ペットに関する保険加入率が高くない。事故や病気で、突然大きなお金が必要になることもあるし、ペットが誰かにけがをさせてしまった場合には、その賠償費用等も必要になる。そこまで想定してから飼ってほしい。

ペットも長生きになり、介護や医療も必要になってくる。少し前の感覚による「何とかなるだろう」というシミュレーションは、今一度、考え直してみる必要があるだろう。

## ペットに対する考え方も多様化している

ペットの歴史は長い。番犬など使役動物としてのペットという位置づけは、古今東西に見られるだろう。日本で、一般の人々が愛玩動物としてペットを飼うようになったのは、おそらく戦後である。地方によっては、今も犬には番犬としての役割があったり、ネズミ等を捕まえさせたりするために猫を飼っている家もあるかもしれない。

しかし、人間と一緒に暮らす動物の多くは、暮らしに必要な相棒（使役動物）ではなく、人間が一方的に愛情を注ぐ対象にあっという間に変化していった。しかも、その数は急速に増えている。現状では、「ペット」に対する考え方や認識が、人によってまったく違っているのも無理はない。

急激な飼育頭数の増加によって、これまでの常識が通らなくなってきている。少し前までは、道端でおしっこをする犬はたくさんいた。今もそんな犬はいるが、飼い主がそのあとを水で流すことがマナーになりつつある。小型犬であっても、リードをつけていない犬は、ほとんど見かけないし、糞も飼い主の手で処理される。

感覚的な物言いになってしまうが、犬がおしっこをかけた電柱や木の根元に水をかけるようになったのは、この一〇年くらいではないか。さすがに昔から、コンクリートやアスファルトの上に糞をすれば片付けるのは常識だったと思う。とはいえ、歩道脇の街路樹の植え込みで用を足した場合、そのうち自然に返るだろうと飼い主が見過ごしていたかもしれない。

少し前の常識を今に適用してしまったら、至るところが犬のおしっこだらけになる。少なくとも公園や街路樹の木々はダメージを受けるだろうし、場合によっては臭いもつくだろう。糞も始末をしなくてよいとなったら……。想像するだけでおそろしい。

もちろん、「不届きもの」というのはどこにでもいる。早朝などに散歩に出かけると、道路で犬の糞を見かけることも多々ある。とはいえ、多くの飼い主は犬や猫と人間との共生を支障なく果たせるようにするために、日々努力をしているのだと思う。

近年は、犬や猫は純粋な愛玩動物として、人間の側が一方的に保護する存在として飼われている。セラピー犬や盲導犬、警察犬など、明確な役割が与えられている犬もいるものの、そうした役割を持たず、「家族」として迎えられるペットが増えている。

その一方で、ペットを飼わない人もいる。動物が嫌いな人もいれば、アレルギーなどの疾患や経済的な問題で飼えない人もいる。そもそも関心のない人もいる。ならば、ペットを飼う人たちと飼わない人たちとが、どのようなルールのもとで共生していけばよいのか。

感染症やアレルギーを専門とする医師などが、ペットとの距離も一定に保つべきだとメディアを通じて提唱している。だが、ペットを飼っている人たちの多くは、犬に顔を舐められたり、犬にキスをしたりした経験はあるのではないだろうか。「人畜共通の感染症にかかるおそれがあるから、やめたほうがいい」と言われて、どのくらいの人が納得してそれをやめるのだろうか。

ペット可の都心部のマンションなどでは、ペットを飼う人と飼わない人の利害が衝突することもある。たとえば、エレベーターなどの狭い密室では、ペットとの距離を保ちたくても保てない。動物やダニなどに対して強いアレルギー症状のある人もいるだろう。現状ではペットを飼っている人の常識とそうでない人の常識には明らかに乖離がある。多様な背景の人たちとペットとが共生していくには、どこかできちんとしたルール作りが必要だと私は考えている。

## ペットへの和洋折衷な接し方

日本人の生活と犬との関わりについて研究を続けている仁科邦男は、著書『伊勢屋稲荷に犬の糞 江戸の町は犬だらけ』のなかで、「仏教は殺生を嫌い、神道は獣畜により穢れを嫌う。幕府も庶民もまた犬を殺すことを嫌った。犬の命を奪わずに目の前の犬を減らす最も簡便な方法が犬を捨てることだった」と書いているが、これはまさに、日本人のペット観の一面を端的に表しているのではないだろうか。

捨てた犬に対して、自分の見えないところで、どうか幸せに生きていてほしいと願うのは、江戸時代の人々にもあったかもしれない。それに似た精神は、時を超えた今もなお、ペットを飼う人の心のどこかに残存しているのではないだろうか。

飼育を放棄して捨てたペットの幸せを願う気持ちに嘘はないのだろうが、その行為が及ぼす結果にまで配慮が及んでいるとは言えない。他地域の人々の暮らしに及ぼす影響、他の動植物に及ぼす影響までは考えていない。

それでも江戸時代から、たとえば犬を殺すのと、野山に放すのだったら、多くの人は、放すほうを選んだのではないかと想像する。クマなどに襲われたり、餓死したり、もっと悲惨な死に方をしたりするかもしれないけれど、誰か別の人間のそばで幸せに暮らすことができるかもしれない、そのように考えれば、人間側の気持ちは軽くなり、罪悪感も少なくなる。

日本人の「あいまいなやさしさ」は、今も昔も実はそれほど変わっていないのではないだろうか。

高度経済成長期以降、日本は豊かになり、ペット文化が到来した。多くの人々がペットを飼うようになり、現在では犬も室内で飼われることが多い。日本の、特に都市部においては、住宅事情が十分ではないなかで多くの人が犬や猫を飼えば、どのような状況になるかは想像に難くない。糞の始末や、鳴き声、動物臭などをめぐって近隣とのトラブルが起こるのは、当然と言えば当然だ。

日本人的なペットへの接し方は、問題をいっそう困難なものにしている面がある。欧米では、飼い主がペットを管理するのは当然のことであり、ペットは人間社会で守るべきマナーを厳しくしつけられる。ペットが公共の場やカフェなどに出入りできるのは、人間社会のマナーを守れるペットだからだ。

欧米の人たちにとってもペットは癒しを与えてくれる存在であり、家族の一員というとらえ方のもと、彼らは愛情を持ってペットを飼っているのだろうが、人間と動物はあくまで「違う」存在なのだという認識が、彼らの行動規範の根底にはある。

一方、日本では、ペットは人間が管理すべきであるという意識が欧米よりも弱いのではないだろうか。もちろん日本でも、欧米のペットのしつけの方法が取り入れられ、犬にマナーを教えることなどが一般化しつつあるものの、欧米ほどそれが徹底しているとは言えない。

ひとつ興味深い話がある。欧米では、人間社会のなかで守るべきマナーとして「おすわり」「待て」「伏せ」「おいで」がトレーニングされるが、日本ではここに「お手」が加わるという。日本の飼い主が「お手」をさせるのは、「かわいいから」という。

欧米では、犬も人間社会のマナーを守れるようしつけることが大事だとされる。当然、日本人も他者に迷惑をかけてはいけないという倫理観は持ち合わせているが、一方で、動物は自然のなかで生きてきたのだから、人間社会のルールを押し付けたり強要したりすべきではない、という考え方も根強くある。

しかも、このような考え方は、ペットの去勢・避妊に対しても影響を与えている。二〇一〇年の調査ではあるが、犬猫の飼い主に対して去勢・避妊手術の有無を聞いたところ、「すべての猫に手術をしている」と答えた割合は七二・三パーセント、犬は「すべての犬に手術をしている」割合が三〇・八パーセント。犬については「手術をしていない」と答えたのが六二・三パーセントと依然として高い（内閣府 動物愛護に関する世論調査）。

去勢・避妊をしていない理由については、犬、猫ともに、「自然のままがよいと思うから」という答えがいずれも上位にある。しかし、犬も猫も一回の出産で複数の子を生むのが普通だ。殺処分が多いのは圧倒的に子猫というところからも、避妊手術を施していれば、その殺処分も避けられたという面は否めない。

目の前の猫をかわいそうだと思う感情が、結果としてより多くの子猫の命を奪うことにつながっている。そして、実際に殺処分をおこなう職員の精神的な負担は計り知れない。

## 日本のペットは「相棒」ではなく「我が子」

子どものいない二〇代の女性でも、ペットを「子ども」のようだととらえているという。欧米や、ほかの国々の人々がペットをどのようにとらえているかはわからないが、日本でのペットは、家族のなかでも「子ども」という位置づけにあるようだ。

我が子のようにかわいいから、ペットだけ違うものを食べているのはかわいそうとばかり、人間の食べ物をエサとして与えたり、通行人やほかの犬を見て吠えかかったりしても、「うちの子はやんちゃで」などと相手に理解を求めたり、犬が本当に寒いと感じているかどうかがわからなくても、「かわいいから」「寒がりだから」という理由で犬に服を着せたり……。

よいかどうかは別として、日本の場合、「ペットは子ども」なのだから、少しばかりの粗相や始末の悪さがあっても仕方ない、その程度のことで怒るなんて、人間のほうが「大人げない」という話になってしまう。

一方で、西洋の考え方も流入しているから、「ペットがホテルやカフェに出入りできないなんて、日本は遅れている」という指摘をする人もいる。そのルールが適用できるのは、ペットに厳格なしつけをすることが飼い主にできていて、なおかつそうした文化的背景を多くの人が十分に共有できているからこそなのだが、日本ではその点があいまいになっているのではないだろうか。

## 経済に巻き込まれるペットたち

矢野経済研究所の国内のペットビジネス市場調査によれば、二〇二三年度のペット関連総市場規模は一兆八六二九億円を見込んでいるとされる（「ペットビジネスに関する調査を実施（二〇二四年）」）。

ペット業界でも健康志向は高く、ドッグフード市場では自然派素材や無添加を訴求した商品などが好まれるようになっている。猫への健康意識も高まっており、猫がかかりやすいとされる下部尿路疾患や、腎臓の健康維持を考慮した機能性フードが拡大している。プレミアム（高付加価値商品）志向が強まり、よりよいものをペットに与えたいと考える人も増えている。

ものだけでなく、飼育やしつけ、預かりなどのサービスも充実してきている。ペットの預かりサービスとは、ペットホテルなど、飼い主の不在中に一時的にペットを預かり、必要な世話を施してくれるサービスである。

近年になって、犬猫病院、動物病院、ペットの預かり・しつけの施設を町中でよく見かけるようになった。病院の増加は、犬や猫の寿命が近年急激に延びていることと関係している。高齢化したペットは病気にかかりやすくなるからだ。一方、預かり・しつけの施設の増加は、単身世帯の増加や、人間自体の高齢化と無関係ではない。

伴侶を亡くして一人暮らしになった高齢者にとっては、ペットを飼うことが大きな慰安となっている場合もある。足元さえおぼつかない状態でも、毎日犬の散歩をさせている高齢者もいる。そして、それが生きる支えになっていたりもする。その高齢者が毎日犬の散歩に出かける姿を目にすることで、周囲の人が気づかぬうちに安否確認をしているようなケースもあるだろう。

そんな高齢者にとっては、散歩を代行したり、ペットを預けて気兼ねなく外出できる環境を提供したりしてくれるサービスは、貴重な存在かもしれない。

ただ、高齢者がペットを飼うことには問題もある。

ペットは死ぬまで責任を持って飼いましょう、と常々言われている。もちろん、これから飼う人がそのような覚悟を持つべきなのは言うまでもないが、先に述べたように近年、犬や猫の平均寿命は目に見えて延びてきている。高齢者の場合、ペットを最期まで見届けられるかどうかは、微妙なケースもあるはずだ。

そうかといって、彼らの暮らしにとって癒しや生きがいになっているペットについて、「最期まで飼いきれないかもしれないから保護しましょう、保健所に連れていきましょう」と安易に決めつけるのも問題だ。飼い主が入院したり、亡くなったりした場合の後見人を決めておくことは必須だと思うが現実はどうだろうか。

それ以前に、昨今はペットを飼うのに昔では考えられないほどお金がかかることも考慮に入れておかなければならない。ペットを「家族」として迎え入れ、親身になってケアをしようとすれば、以前に比べると桁違いな出費が必要になる。犬猫病院での治療費も、実費での支払いならかなりかさむだろうし、ペット保険を利用するなら保険料が別途必要になる。

以前、かわいい子ども服の店があると近づいていったら、犬用の洋服屋さんだったことに気づいて苦笑したことがあった。今は犬の洋服がひとつの産業となっている。犬の散歩の際に用いるかわいいキャリーバッグなどを持つことも飼い主の自由だ。

けれども、そうした関連グッズの購入費用はとどまるところを知らない。ペット友だちと情報交換することでそれが加速することはあっても、なかなか減速はしないだろう。

今回、保護犬を引き取り、飼っている人にインタビューしたところ、「保護犬を引き取るようなケースでも、生涯にかかるお金は数百万円になるだろう」と話していた。病気をしがちなペットだったり、事故に遭って後遺症などが残ったりした場合には、さらに出費がかさむという。経済力のあるブルジョア階級でなければ、ペットを飼う資格はないのだろうかと言いたくなる。

ペット産業は拡大中だ。獣医学を除いた、動物に関するケアについて学べる大学・短大・専門学校は、一〇〇を超えている。動物看護師や動物介護士などを育成する学校のほかにも、トリマーやペットショップの店員などを育成する学校もある。このような状況は、アメリカでも同様だという。

また、ペットは、欧米では、豊かさを誇示するために特権階級やブルジョア階級によって飼われてきた側面もある。一方、日本には、外猫や地域犬に見られるように、庶民が動物たちとゆるやかな関係を保ちながら、持ちつ持たれつで共生してきた歴史もある。

今の日本にはどちらの文化も存在するが、前者のほうがよりスタンダードになりつつあるのではないだろうか。本人たちがどのくらい自覚しているかはわからないが、ペットを飼う人々自身が、経済の大きな波に飲み込まれているようにも見える。

人間の髪の毛のカット代よりも、犬の毛のカット代のほうがおおむね高いという。手間を考えれば順当ではあるものの、ひと昔前の日本人ならそれをどのように感じるのだろうか。

## 愛玩動物殺処分ゼロは可能なのか？

二〇二〇年に流れていたACジャパンのCMでは、小さな女の子とそのお母さんと思しき女性が、それまで飼っていた犬を段ボール箱に入れて木の下に置き、切なそうに見つめている様子が描かれていた。女の子はちょっと泣いている。そして、「親切な人に、見つけてもらってね」というセリフの後に、次のようなナレーションが静かに流れる。「やさしそうに聞こえても、これは犯罪者のセリフです」と。

この「犯罪者」という言葉にはっとした人もいるのではないだろうか。愛護動物を虐待したり、捨てたりすること（遺棄）は犯罪なのだ。違反すると、懲役や罰金に処せられる。動物愛護管理法には、以下のように定められている。

愛護動物をみだりに殺したり傷つけたりした者には、五年以下の懲役または五〇〇万円以下の罰金。愛護動物に対し、みだりに身体に外傷を生ずるおそれのある暴行を加える、またはそのおそれのある行為をさせる、えさや水を与えずに酷使する等により衰弱させるなど虐待を行った者には、一年以下の懲役または一〇〇万円以下の罰金。愛護動物を遺棄した者は、一年以下の懲役または一〇〇万円以下の罰金。

ちなみに愛護動物とは、「牛、馬、豚、めん羊、山羊、犬、猫、いえうさぎ、鶏、いえばと及びあひる、その他、人が占有している動物で哺乳類、鳥類又は爬虫類に属するもの」と定義されている。

どんなに涙を流して悲しんだとしても、ペットを遺棄することは犯罪者の行為なのだ。

動物を捨てるのは犯罪だし、飼育を途中で投げ出すのは倫理的にも問題だ。動物愛護団体や行政も、殺処分ゼロを目指している。

かつては、飼育が困難になった猫を川に流すというような行為をおこなう人も少なからずいたが、今はほとんどいない。去勢手術についても、「自然のママがいい」という理由から拒む人が多かった昔と比べて、一定の理解が得られつつある。特に猫は、繁殖力が強く、妊娠期間は二カ月、一回に四～八匹ほどが生まれる。去勢手術のメリットなども周知され、その効果もある程度まで出ている。

しかし、去勢手術を施していない犬や猫も、依然として一定数存在している。動物愛護センターに、「一年間で一〇匹以上増えた」といった相談が持ちかけられるケースもある。オスメスを含む複数の猫を飼っている場合、去勢手術をしなければ、いたずらに個体数が増えてしまい、飼い主自身にはどうすることもできなくなってしまう場合もある。

実際に、動物愛護センターに持ち込まれるのは子猫が多く、複数の猫が同時に持ち込まれるケースも多い。先に挙げた札幌での事例のように、一〇〇匹以上の猫が荒れ放題の家で飼われていた、といった多頭飼育崩壊のニュースが目に触れることも時々あるが、そうなると、もう個人での解決は難しいだろう。

多頭飼育については、飼い主が状況を客観的に判断できていないケースもあるため、動物ではなく飼い主（人）を援助することで、動物を適正に飼える環境を整えようとしている団体もある。動物愛護センターに持ち込まれる頭数が多くなれば、当然、殺処分される可能性も高くなる。

「犬や猫の殺処分をゼロに！」というスローガンに反対する人はいないだろう。けれども、前述のような状況下で、本当にそれは可能なのだろうか。

この章の冒頭にも記したが、動物愛護センター等が譲渡にも力を注ぎ、動物を飼うのに必要な知識や心構えを啓発してきた成果が表れ、殺処分は減っている。これまで動物愛護センターは、殺処分をめぐって民間の動物愛護団体から批判的な目を向けられがちであったが、今は、地域差はあるだろうが両者が協力関係を結ぶケースも増えてきた。

ネット環境が整ってきたことも、譲渡が増えた一因だろう。動物愛護センターは比較的人里離れた地域にある場合が多いので、ネットを生かした情報発信が功を奏したのだろう。また、保護犬活動をおこなう団体も、ホームページなどに保護動物の写真を公開し、性格なども記したところ、譲渡が何倍にも増えたという例もある。ネットを活用して情報を発信し、譲渡へつなげているケースは多い。

現在、動物愛護センターは、持ち込まれた動物の引き取りを拒否することもできる。では、その拒否された動物はどうなるのか？ ペットを連れ帰った人は、その後、その動物を適正に飼養してくれるのだろうか？ そこには大きな疑問が残る。

また、『人と動物の関係を考える 仕切られた動物観を超えて』のなかで、新潟県福祉保健部生活衛生課の遠山潤は、こうも指摘している。

引き取った動物をすべて譲渡できれば、殺処分はゼロになります。〔中略〕噛みつき犬でも私が面倒をみて頑張るという人もいますが、噛まれて大けがをしても行政に戻すこともできず、人も犬も幸せとはいえない状態になったり、行政から譲渡を受けた団体が多頭飼育状態となり、破綻してしまうことも起きています。譲渡する側も、もらう側も互いに責任があります。無理な譲渡にならないよう、自治体にはきちんとコントロールする義務があると考えています。

動物愛護センターが引き取り、そこで飼養するのは、長くても数週間から数カ月が限度だという。出入りが激しいために、犬猫たちのストレスが過大になるからだ。また、動物愛護センターの運営は税金でまかなわれている以上、高齢や病気のために引き取り手がない動物を終生飼養することは、ベストな選択ではないとも遠山は指摘している。

また、「動物愛護センターではいずれ殺処分されてしまうけれども、民間の愛護団体に持ち込めば新たなもらい手を探してくれる」という安易な発想から、愛護団体への持ち込みが増え、結果として適正な飼養環境が保てなくなる場合もある。保護団体自体が多頭飼育状態に陥ってしまうのだ。民間の団体ゆえ、地域差も大きく、体力のある団体ばかりではない。何とかして譲渡先を、と躍起になれば、新たな飼い主へのアフターフォローが万全とはいかなくなる。

コロナ禍からの急激なインフレなどにより、飼いきれなくなったペットを動物愛護団体に持ち込むケースが増えているという。一方で、時代の変化が激しいからこそ、ペットで癒されたいという人も増えている。両者をうまくマッチングできればよいのかもしれないが、途中で「親」が変われば、ペットの心理的ストレスも増える。引き取るのならば、「命を預かる」という意識を今一度確認してからにしてほしい。

## ペットを「買う」ということ

ところで、犬や猫を飼うにあたっては、保護犬や保護猫を団体から譲渡してもらったり、友人から譲ってもらったりするケース以外に、ペットショップで買う人も多いだろう。

ペットショップにいる犬猫たちは、ペットオークションという犬や猫の競り市で仕入れられている。そこに犬や猫を持ち込むのはブリーダーだが、実は一九九九年の動物愛護管理法改正によって届け出制になるまで、ブリーダーには法的規制がなく、ようやく登録制になったのは二〇〇五年のことだ。二〇一二年には犬猫の繁殖販売の規制が強化されているが、このような規制がかけられたのはいずれもごく最近のことだ。

競り市では、人気の犬種などに高い値がつくことから、ブリーダーはそこに照準を合わせて繁殖を進める。繁殖にあたっては、専門的な知識や施設の適正な衛生管理なども求められているはずだが、競り市ではそうした要素は評価の対象になりにくい。よって、より人気の犬種、猫種をいかにたくさん競り市に出せるかという方向に走るブリーダーもいるだろう。

もちろん、専門知識があり、アフターフォローもしっかりしているブリーダーやペットショップもある。施設環境を整え、愛情を持って適正な繁殖をしているところもある。ブリーダーのなかには、ペットショップに卸さず、自分の手で直接ペットを譲ろうとしている人もいる。どれがベストかはわからないが、「消費者（飼いたいと思う人）のニーズ」に合わせなければ生業とはならないだろう。

しかも、人気の種はすぐに入れ替わる。テレビやネットで見た犬や猫を飼いたいという気持ちはわからなくもないが、ペットは「おもちゃ」ではない。ましてや、アクセサリーのようなファッションの対象でもない。

もし、ペットショップから買うのであれば、むやみに飛びつくのではなく、そのペットがどのようにして生まれ、ショップのケージにたどり着くことになったのか、その背後にある現実にも目を向けてほしい。ペットを飼育した経験のある人ならば、ペットショップの店員と少し話せば、その店員がどれほどの知識を持っているか、アフターフォローは万全か、どのような姿勢で動物を扱っているのかがわかるという。

しかし、初めて飼う人の多くは、「この子と目が合ってかわいかったから」「見た目が好きだから」「ネットで見ておもしろかったから」「ぬいぐるみみたいに小さくてかわいいから」といった場当たり的な感覚で選ぶケースがまだまだ多いとペット情報メディアの編集者は言う。そして後から「病気しがちな犬だったから」といった理由で手放すケースもある。

さて、ブリーダーたちが育てた犬や猫も、必ずしも全部が売れるわけではない。人気の去ってしまった犬種なども含めて、売れ残りが発生することは避けられない。安価で譲ったりしても引き取り手を確保できない場合は、どうなるのか。そうした売れ残りの犬や猫に思いを馳せることも必要なのではないだろうか。

実は、保護犬などを引き取って飼養している家庭からの聞き取りでは、ペットショップに置かれた動物たちの環境と並んで、売れ残りの犬や猫の境遇や行く末について気にかかるとする回答が複数あった。飼い主自身がペット業界の心配をしているケースが、かなりあるのだと思う。

ところが、一般的には、ブリーダーが売れ残りのペットの処分に困って捨てたといった「事件」が明るみに出て初めて、そうした問題に焦点が当てられるのが普通だ。そして、「そんなブリーダーはひどい、ペットがかわいそう」という短絡的な感情論だけで終わってしまい、時が経てば忘れられてしまう。「ブリーダーが責任を持って最期まで動物の福祉を考えて飼養をすべき」と主張するのは簡単だが、それだけで本当に問題は解決するのだろうか。

公表されている殺処分の件数というのは、行政の手によって殺処分された犬や猫をカウントしたものだという。つまり、動物愛護センターに保護された後、病気や高齢のために死んだケースはカウントされていない。もちろん、交通事故で命を落としたペットや、劣悪な環境のなかで死んだペットの数も含まれていない。飼い主の死亡や入院などが原因で置き去りにされて死んだペットも含まれていない。

殺処分ゼロを目標にすること自体に異存はない。そして、その目標があったからこそ、多くの機関や団体、個人が手を取り合い、情報を共有し、殺処分を全国規模で大きく減らすこともできたのだ。それは大いなる成果だと思う。けれども件数をゼロにすることにこだわりすぎて、動物の福祉がおざなりになってしまっては、本末転倒である。

殺処分をゼロにするのと同じくらい、愛玩動物の飼養環境を整えることも大事だ。

## 人間の高齢化、ペットの高齢化

人間社会に起きている問題が、数年から数十年後にそのまま犬や猫のようなペットにも波及する。ペットはまさに、人間社会の後追いをしているのだ——そんな記事を、どこかで読んだことがある。

生活習慣病と呼ばれる疾病は今や犬や猫でも問題になっているし、ペットの高齢化や介護の問題も浮上している。半世紀前には想像も及ばなかった事態ではないだろうか。室内飼養がスタンダードになりつつある昨今、ペットも長寿になった。それ自体は喜ばしいことなのだが、人間と同じで、「健康寿命」と「寿命」は必ずしもイコールとは限らない。「認知症」となるペットもいる。ペット用のおむつも、ペット用品コーナーに置かれている。

町なかには、犬猫病院も増えてきた。病気になったときに受診するだけでなく、日ごろの健康診断や、人間で言うところの「アンチエイジング」のために受診させる人もいる。もちろん、すべて自費だ。

ペットの高齢化に伴って、飼い主には金銭的な負担が重くのしかかってくる。先行きが見えにくい世の中で、経済的な問題ばかりではなく、飼い主自身の健康も不安要因として立ちはだかる。そのうえ、自然災害まで各地で相次いで発生している。

日本は災害が多く、自治体もそれを想定した体制を組んでいるし、いざというときにペットをどう扱うか、日ごろから意識している飼い主も少なくないだろうが、いつ、どのようなことが起こるのかは、誰にも予想がつかないのである。

まして、二〇二〇年に全世界を襲った新型コロナウイルスによる生活環境の変化や、急激なインフレなどは、いったい誰が予測できたであろうか。

終生飼養は当たり前。最期まで責任を持って飼う。それは大原則だと思う。けれども、誰もが予測できない未来をめぐって、飼い主だけに責を問い続けても、解決しないこともある。

人間の高齢化も進んでいる。先にも触れたように、一人暮らしの飼い主が入院したり亡くなったりして、ペットが置き去りにされてしまうケースもある。

ペットをほかの人に譲ったり、動物愛護団体等に相談したりする余裕があるうちはいいが、飼い主自身が認知症に見舞われるなどして、そのような手配を自らとることが難しくなるケースも多々あるだろう。

今後は、肉親や親戚がいない単身世帯の高齢者が増えていくことも予想される。親戚やご近所との付き合いが助けになっていた時代とは、前提が違ってきているのだ。そのことを認識したうえで、それに即した対応を考えていく必要がある。

## 発想転換の時

今は、ペットの「しつけ」や「ケア」、「預かり」をする施設がある。

人間社会でも、「保育園に預けるなんて子どもがかわいそうだ」と言われた時代があった。「親を老人ホームへ入れるなんて親不孝者だ」と言われた時代もあった。けれども今は、そうした問題に対する認知が進み、子どもを保育園に預けたり、年老いた親を高齢者施設に入所させたりしたところで、非難されることはない。

とはいえ、ペットに関しても、現時点で同じ見方が通用するだろうか。かわいいからと人間の都合で「買って」きて、しつけがうまくいかないから、病気しがちで面倒だから、旅行に連れていけないから、老犬の介護は大変だから、といった理由で、「お金」で解決して施設に預けてしまおうなんて、「無責任だ」「勝手だ」と感じる人も少なくないのではないだろうか。私とて、そう感じていた。

けれども、飼っていたペットを段ボール箱に入れて、「誰かいい人に拾ってもらってね」と涙ながらに公園や動物愛護センターなどに放置していく人に比べれば、施設に預けることを選ぶ人のほうがずっといいのかもしれない、と考えをあらためるようになった。どうしても自分の手に負えないのであれば、他人の手を借りるしかない。飼い主を非難することと、ペットの福祉を守ることとは別問題だ。

ペットホテルはずいぶん前から存在している。今は、近隣の人にペットを預けるのも、預かるのも難しい。室内飼養ならなおさらだ。最近では、ペットホテルだけでなく、「しつけ」「老犬ケア」などをおこなうところも増えている。特に犬の場合は散歩が欠かせないが、日中忙しくて散歩に連れていけない、老犬のケアができないといったニーズに合わせて考案されたサービスだろう。

「安心お泊りコース」「お楽しみ保育園コース」「お預かりトレーニングコース」など、目的別のコースが設定されている施設もある。

ほかの犬と遊ばせたり、ドッグランで走らせたり、散歩時のしつけをしたりと、コースもメニューも多様だ。お預かりサービスは、昼間働きに出ている飼い主にとって、ペットを置いていくことに伴う心理的負担を軽くすることにつながるだろうし、ペット自身のストレスも軽減することができる。もちろん、老犬に対する特別なケアなども、こうした施設に依頼することが可能だ。

ブルジョアを対象にした「商売」だと言われればそれまでかもしれない。けれども、金銭的に余裕があり、自分でも面倒をみたい気持ちがあっても、現実問題としてペットを十分にケアできないという状況なら、このようなシステムは選択肢のひとつになるだろう。そのように部分的には人の手を借りたとしても、最期まで自分の手で面倒をみることができたなら、それはペットにとっても飼い主にとっても豊かな時間となるはずだ。

預けることをただちに「悪」とするのではなく、預ける先が「悪徳業者の儲け先」にならないように監視することを通じて、良心的なケアができる施設が増えていくように計らえるなら、それもよいのではないだろうか。

まさに人間社会の後追いのようだが、人間もペットも高齢化が進む今、それも現実的な選択肢のひとつであるように思う。

とはいえ、経済的に余裕のない人にとっては、まだまだ現実は厳しい。一人暮らしの高齢者に、「もう飼うのは難しいから、誰かに譲りましょう。倒れてからでは遅いんですよ」と言えるだろうか。ささやかな年金で、毎日、猫にエサをやり、戯れ、会話することに喜びを感じている人もいるだろう。

もしペットを手放したら、その高齢者はどうなってしまうのだろうか。しかし一方で、置き去りにされるペットたちの行く末も気にかかる。答えは簡単には見つかりそうもない。けれども、待ったなしの状況があちこちにあるのは事実だ。

人間の高齢化だけでなく、ペットの高齢化や介護の問題は、ペットを飼う人なら誰でも経験しうるものになっている。

飼いきれなくなったペットを保護する民間団体は、全国にたくさんあるが、ペットを飼う高齢者との間でうまく情報を共有できているかどうかは疑わしい。

ペットの適正な飼い方について、高齢者に啓発する場はほとんど存在しないし、飼い主本人が入院や施設入所になった場合にペットはどうなるのか、といった問題を相談できる窓口を、高齢者自身で探すことも難しい。

そうしたペットの保護を請け負う団体が、財政的に大きな負担を抱えていることも問題だ。負担が大きくなりすぎて、運営継続が不可能になった場合、最も被害を受けるのはペットたちだ。殺処分となれば、ペットの命が犠牲になるのはもちろんのこと、殺処分に関わる人たちの心身の負担もまた大きくなる。

このようなペットの諸問題に税金を使うことを、どこまで国民が納得しているのかは未知数だが、行政による踏み込んだ対策が必要なのかもしれない。人間やペットの高齢化によって引き起こされる問題は、「飼い主の責任」と言って切り捨てるだけでは収まらないところまできているのではないだろうか。

# 第2章

# 動物園や施設動物たちの今

## 「展示」される動物たち

造園学者の若生謙二は、「動物園は、未知の動物に対する好奇心から誕生した文明の装置である」と『動物観と表象』の「動物観をつくる動物園」のなかで述べている。

それによれば、私たちがイメージする動物園とはまるで違うかもしれないが、古代ローマ時代から動物を眺めて楽しむ文化はあったようだ。当時は、肉食獣を中心とした動物同士の格闘競技を見せるものと、草食動物や鳥を庭園内で見せるものがあったという。

現在に近いかたちの動物園は、アメリカで始まる。フロンティアでの生活に娯楽としてもたらされたのが移動型の「動物園」で、これらの団体が動物を引き連れて町から町へと移動しながら、各地で動物を使ったショーをおこなうようになる。

その後、アメリカでは、開拓時代に野生動物を大量殺戮した反省から、視点は動物保護へと移っていく。

一八八九年に開設されたワシントンDCのスミソニアン国立動物園は、開設時にはすでに、北米の野生動物の保護繁殖と動物学の研究を目的としていた。

日本では近年まで、子どもの遊び場の延長として動物園が存在していた。『動物園を考える』（佐渡友陽一）で、動物園には子育て支援の役割があったと指摘されている通り、日本の動物園はまさに、子どものための施設として機能してきた歴史がある。

動物園そのものは教育的施設へと転換を図っているところも多いが、子どもの遊び場として遊園地が併設されているケースもある。

アメリカには「保護」「教育」「科学」「レクリエーション」の分野で動物園・水族館の発展を目指した「動物園水族館協会（Association of Zoos and Aquariums）」が、一九二四年に設立されている。この団体には厳しい審査基準があり、動物の福祉に十分配慮できなければ加盟できない仕組みになっている。

日本にも、日本動物園水族館協会JAZAがあり、八九の動物園と五〇の水族館が加盟している（二〇二四年六月現在）。ちなみにJAZAは、「種の保存」「教育・環境教育」「調査・研究」「レクリエーション」の四項目を動物園の役割としてとらえている。

JAZAに加盟しない、アミューズメントパークや観光牧場なども多数ある。市区町村などが運営する家畜等を中心とした施設や、ショッピングモールの片隅に小動物を展示するような娯楽施設まで、その内容はさまざまだが、「動物園」と「動物のいる施設等」は別のものととらえたほうがよいかもしれない。

現在、動物園は生態的展示（個々の動物について、可能な限り本来の生息環境に近づけ、野生の生態としての行動を発揮させる展示方法）へシフトしている。どこまで実現できているかは、それぞれの施設によって違いはあっても、動物の環境や福祉が配慮される方向へと向かっていることは間違いない。

そして、動物園は従来、「教育」「研究」「娯楽」を主な役割としていたが、二〇世紀には「種の保存」も大切な役割のひとつとして位置づけられた。現在では、JAZAと環境省が連携してライチョウの保全に取り組むなど、動物園・水族館は多くの役割と使命を背負っている。

一方、近年では、動物に芸をさせて見世物にすることに批判は聞かれるが、犬カフェ、猫カフェなどは、メディアなどにも紹介されてむしろ人気のスポットになっている。珍しい動物に触れることができるというカフェも登場している。

人間の飼育下に置かれる動物たちは、生まれる場所や過ごす場所を選べるわけではない。施設内で一生を過ごす動物について、考えてみたい。

## 動物管理と「適正な環境」のはざまで

前述の若生謙二は、動物園の持つ可能性について、「動物園の展示は、観客の動物観や環境観を刺激し、育てることが可能なメディアである」と示唆している。

動物園は、多くの人の興味を引き、教育的な役割も果たしている。動物たちに癒されたり、刺激を受けたりした人も少なくないだろう。なかには、動物の生態を知りたいという将来の科学者もいるはずだ。動物の動きを参考にして、ロボット開発を試みる人もいるだろう。また動物園は、環境の問題を考える社会的な視点を養うことに寄与する面もあるかもしれない。少なくとも、子どもたちの好奇心と想像力を掻き立てる装置であることには間違いない。

けれども、動物の福祉的観点から、動物園そのものに対して否定的な考えを持っている人もいる。また、東京都恩賜上野動物園（以下、上野動物園）のように都心部にある施設から動物がひとたび逃げ出せば、街中がパニックになるというリスクもある。「展示」のための動物を、私たちはどうとらえたらいいのだろうか……。

展示目的であるかどうかにかかわらず、施設などで飼われていた動物たちが、逃げ出すなどして野生化し、生態系に深刻な影響を及ぼすこともある。農作物の食害など、農家に甚大な被害をもたらすケースもある。

そうした場合、飼育していた団体や個人に責任を求めるのは当然だが、東日本大震災のようなケースもある。地震に続く原発事故で、着の身着のままで避難してきた人も多かったに違いない。やせ細った家畜が取り残された様子はテレビでも映し出されていたが、それを誰が責めることができるだろう。

福島県大熊町でも、ダチョウ園から一〇羽ほどが逃げて野生化していたという事例がある。一時帰宅した住民から、「ダチョウが家の前に立っていて怖い」という苦情が出たため、ダチョウ園が農林水産省などの協力のもとに捕獲を開始し、現在はほぼ捕獲が終了している。テレビ越しに観れば、ダチョウに対して「よく生き延びたね」と言いたくなるところだが、近隣住民の立場からすればやはり恐怖が先に立つだろう。

世の中の事情を察しているわけではない動物にしてみれば、脱走したという自覚があるかどうかもわからないし、もちろん動物に罪はない。

施設等で飼養されている動物たちをめぐっては、大きく見てふたつの問題がある。

ひとつは、動物福祉の問題、そしてもうひとつは、脱走などによって人的被害が発生したり、生態系のバランスが崩れたりすることだ。大型肉食獣が逃げ出せば、まさに「事件」として扱われるが、鳥類や爬虫類などは、仮に逃げ出しても把握が難しい。動物園の閉園や倒産などによって小型動物が逃げ出し、それが原因で生態系が崩壊していくケースも少なからずある。こうした事例については、あくまでも管理している側の人間に責任があるだろう。

特に民間施設の場合、経営が傾くと、それに伴って飼養環境が悪化するなど、しわ寄せが直接動物たちに向かう場面もある。譲渡先を探す体力さえも失われると、劣悪な環境を嫌って動物たちが逃げ出し、野生化することもある。

これはもちろん、民間施設に限った話ではない。仮によい環境で手厚い飼育がなされていたとしても、事故なのか、あるいは動物の「意思」なのかはわからないが、脱走する動物はいる。鳥類などをはじめ、動物園を抜け出す動物たちは今も後を絶たない。

歴史をさかのぼると、一九三六（昭和一一）年に発生した「上野動物園クロヒョウ脱走事件」がある。これは、同年に起きた「阿部定事件」、「二・二六事件」と並んで、「昭和一一年の三大事件」と称されている。

上野動物園で飼育されていたクロヒョウのメス一頭が脱走した事件だ。脱走したクロヒョウは、約一二時間半後にマンホールの下に潜んでいるところを捕獲され、人的な被害は発生しなかった。

とはいえ、この事件は当時、上野近辺に住んでいる人のみならず、日本中の人たちを震撼させたに違いない。のちの第二次世界大戦中に実施された上野動物園での戦時猛獣処分（戦時に動物園から猛獣が逃げ出して人などに被害を及ぼすのを防ぐために、動物たちを殺処分したこと）には、この事件の影響があったと言われている。

実は、戦後にも猛獣のトラが逃げ出した事件があった。産経ニュース（二〇一五年八月四日付）には、「戦後七〇年　千葉の出来事」として、君津市の寺で飼われていたトラが脱走した一九七九年の事件の顚末が記されている。

君津市で昭和五四年八月、寺で飼われていた二頭のトラがおりから脱走した。うち一頭は警察官や消防団、猟友会員など延べ計約七七〇〇人を動員した大捜索網をかいくぐり、約一カ月間にわたって周辺の山林を逃走。民家の飼い犬を食い殺すなどし、市民らはトラの襲撃におびえる恐怖の夏を過ごした。

事件の舞台となったのは君津市鹿野山の名刹《めいさつ》、神野寺《じんやじ》。当時、同寺は動物好きの住職がトラやクマなどを集め、地元住民らから人気を集めていたという。飼育係が八月二日夜、おりの鍵が外れてトラ一二頭のうち三頭がいないことに気付き、翌三日未明に県警に通報した。一頭はすぐ発見されたが、一歳のオスとメスの二頭が姿を消した。（中略）未曾有の事態に県警は急遽、現地対策本部を設置。警察官や消防団、猟友会など計約五〇〇人をトラの捜索に動員した。周辺住民（八〇世帯、二四〇人）には外出禁止令が出され、市内には「トラが脱走しました」という有線放送が流れた。

その後の顚末として、メスのトラが脱走二日後に発見され、射殺されたことに記事は触れている。ところが、その対応が思わぬ波紋を呼び起こしてしまったという。

全国の動物愛護団体などから「射殺するな」「かわいそうだ」と多数の苦情が寄せられ、関係者によると、「射殺した猟友会員の家では苦情の電話が鳴りやまなかった」という。寺側もトラの射殺に反対し、捜索隊の士気に大きく影響した。

もちろん当時の地域住民からしてみたら、射殺もやむなしというのが一般的な見解だっただろう。何しろ、もう一頭はまだ見つかっていなかったのだから。一一日には県警らが大捜索をおこなうも発見には至らず、同日、事実上の捜索中断。しかし、その後、悲劇は起こった。二八日早朝、寺から四キロ離れた民家の犬がトラの犠牲となる。そこから、ふたたび「住民への被害が出る前に射殺を」という機運と危機感が高まっていった。

県警の中からえりすぐりの射撃技術を持つ「トラ捜索選抜隊」と同猟友会員らが足跡などをたどって山中を捜索し、茂みの向こうにトラの影を発見。二八日午後〇時二〇分ごろに射殺した。トラの影におびえる長い夏が終わった。

同猟友会の相葉武己さん（八六）は「夢中で撃った。倒れたトラを見た瞬間、これでやっと終わったと思った。長い猟友会の経験の中で、トラを相手にしたのはこれが最初で最後だった」と話した。

実は、当時、猛獣の飼育に関する規制はなく、この事件をきっかけに、国は危険動物の飼育の規制強化に動いた。それまでは規制がなかったということも驚きではあるが、まさか素人がトラなどの猛獣を飼うことなどあるまいというのが当局のとらえ方だったのかもしれない。

現在は、人の生命・身体等に害を加えるおそれのある動物は、動物愛護管理法によって「特定動物（危険な動物）」とされ、管理が厳しくなっている。具体的には、トラ、タカ、ワニ、マムシなど約六五〇種類が対象で、許可なく飼養、保管ができないように規制されている（特定外来生物に関しては、飼養、保管、運搬、輸入の取り扱いも規制の対象となっている）。二〇二〇年からは、愛玩目的などで飼養することが禁止されている。また、動物園や試験研究施設等の特定目的で飼う場合には、都道府県または政令指定都市の長の許可が必要だ。施設外飼育の禁止、マイクロチップの埋め込みをすることなどが義務づけられ、これらを遵守しないと罰則もある。飼い主の覚悟と責任として、当該の動物の「飼養又は保管が困難」になった場合に、「譲渡先又は譲渡先を探すための体制の確保」あるいは「殺処分」（譲渡先の確保が困難な場合に、自らの責任において）を求めてもいる。

二一世紀に入っても、飼育員がトラやクマに襲われるといった事故は後を絶たない。事故の教訓が全体としてどこまで共有されているかはわからないが、素人でなくても、事故を完全に防ぐことは難しい。

二〇二二年一月には、栃木県那須町の「那須サファリパーク」で、飼育員三人がトラに襲われる事故が起きている。愛情を持って飼育し、動物と心が通い合っていると思っていたとしても、事件や事故は起きる。たとえ、教育や訓練を受けてきたからといって、猛獣の飼育の安全に一〇〇パーセントはない。

## 動物施設倒産後の動物の行方と動物福祉

倒産や閉園などに追い込まれたレジャー施設から逃げ出した動物が、野生化してしまうというケースもある。千葉で激増しているというキョンなどは好例だ。野生化して繁殖が進んだのは、二〇年ほど前に閉園した勝浦市の私立観光施設から逃げ出した個体からではないかと見られているが、現在も数を増やしており、農作物などに深刻な被害をもたらしている。

野生化した動物に罪はないが、施設によっては、倒産などによる閉園後に厳密な管理を怠り、確実な譲渡をおこなわなかった結果、動物が逃げ出してしまうこともある。キョンなどに関しては、「ライオンやヒョウ、トラなどの肉食獣ではないから」といった甘い考えが管理者側になかったのか、少し気になるところだ。

また、営利を目的とする民間の団体では、動物の適正な飼養環境を維持することよりも、客に喜んでもらえる展示を優先する傾向もある。

そうした団体や会社を非難することはたやすいが、それだけでは問題は解決しない。動物の福祉と客のニーズを両立させるのは、至難の業だ。普段、観る側の私たちは、動物園等にいる動物たちの福祉をことさらに意識することなどない。きっと、飼育員の人が愛情を持って適切に飼い、管理しているのではないかと想像する程度だろう。

そして多くの人が、動物園や、動物のいる施設の存在そのものを、否定するまでには至っていない。動物の福祉には配慮すべきとしながらも、子どもにとっての教育的価値は高いと考える人は多い。

大人になっても、心が疲れるとゾウを眺めに行く、人間関係に疲れたらサル山を見に行くという人もいる。動物園は、子どもの情操教育に役立っているだけでなく、幅広い人々の心をとらえ、癒し、楽しませている。世界中の動物たちをネットやテレビで見られる時代ではあっても、やはり、目の前で見る迫力にはかなわないのだろう。

昨今は、アニマルウェルフェアとも呼ばれる動物福祉に関心を持つ人も増え、動物が置かれる環境に対して多くの人が敏感になっている。動物園や動物施設そのものの存在を認めない人もいる。

しかし、動物園の動物を間近で見ることで好奇心が生まれ、動物の命や環境にも目を向けるようになるのではないだろうか。動物を日常からあまりにも引き離してしまっては、動物はどのような環境が自然なのか、あるいは快適なのか、学ぶことも、想像することもできない。動物園はアニマルウェルフェアの在り方を模索するための装置でもあると思う。

もちろん、だからといって施設にいる動物は犠牲になっても構わないとは言えない。人々の知的好奇心は、動物の自由をどこまで奪うことが許されるのだろうか。

## 日本の動物園の歴史

日本の動物園の歴史を少し見てみたい。「動物園」と聞いて、何を思い浮かべるだろうか？　子どものころに家族と行った思い出の場所だろうか。あるいは、自身が親となり、子どもを連れて行った場所だろうか？

今も昔も、来園者の多くは、小さな子どもとその親という家族連れが多いそうだ。人間とは姿がまるで違う珍獣を一度でも見てみたいという欲求は、子どものみならず、古今東西、老若男女にあるようで、江戸時代にはゾウが日本に運ばれ、話題となっている。明治になってから、現在の動物園のようなかたちの施設が誕生し、当初から人気を博していた。

ところが、第二次世界大戦時に日本全国で猛獣処分がおこなわれ、キリンやカバなども餓死させられた。土家由岐雄による童話『かわいそうなぞう』はあまりにも有名だが、日本全国の動物園の動物たちの多くが「処分」の憂き目を見たのは事実だ。

とはいえ、戦後の復活も早かった。上野動物園の初代園長を務めた古賀忠道は、一九四八年には上野動物園内に子ども動物園を設置。動物をいじめない子どもを育てることなどを目的とし、情操教育の場のひとつとして動物園を位置づけた。

この発想は瞬く間に全国に広がり、一九五二年には、動物園は二九園に増えた。戦前には一七園だったことを考えると、いかに短期間に数を増やしていったかがわかる。それでも終戦直後に、日本に生息しない珍獣を集めることはできず、多くは家畜を中心とした展示に終始していた。

その後、都市部を中心に集合住宅が増えたため、犬や猫を飼うことができない家庭が増えた。動物と触れ合う機会が減った子どもたちにとって、動物園は、動物と身近に接することができる貴重な機会となり、乗る、触る、抱くなどの行為を通して、理科教育と情操教育を同時におこなうことを目的とした「ふれあい」型の動物園は子どもたちの人気の場所のひとつになった。

戦後、動物園は、珍獣を見物する場所から、子どもの情操教育などの教育的な役割を果たす施設へと変化していったのだった。

もちろん、珍獣を観たいという欲求もあった。戦後、東京・台東区の子供議会が「上野動物園にもゾウがほしい」と決議。インドのネルー首相に『ゾウをください』という手紙や図画を送り、一頭のゾウ「インディラ」が送られてきたというエピソードは有名だが、こうした明るいニュースが、「珍獣」の復活を後押ししていった。

一九七二年、中国からパンダの「カンカン」「ランラン」が贈られたことには、子どもならずとも日本中が夢中になり、上野動物園には長蛇の列ができた。パンダは、現在もその人気が衰えることはなく、赤ちゃんパンダが生まれると、老若男女問わず多くの人たちが動物園を訪れる。

動物に対してもやさしい気持ちで接しよう、命の大切さを知ろうといった教育的側面の拡充や、動物に対する国際的な考え方の変化なども相まって、それまで動物園でおこなわれてきた動物芸は次第に衰退していく。

戦前の一九三二年、大阪の天王寺動物園に来園したチンパンジーのリタは、人間の生活を模した動物芸で人気となり、一九三五年前後には入園者数が二五〇万人を突破。上野動物園を抜いてトップとなった。戦後でも、上野動物園には、乗客を乗せた電車をサルが運転する「おサルの電車」は人気だったが、この「おサルの電車」も一九七四年には廃止。動物を働かせたり、道化役として使ったりすることなどに対する反対の声が大きくなったことも理由のひとつだ。ゾウの芸にしてもしかりだ。

動物園学が専門の石田戢《おさむ》は、『日本の動物観　人と動物の関係史』のなかで「動物とくに類人猿の尊厳性を問題にしている現在では、動物芸は少なくとも公立の動物園で行われることは少なく、日本動物園水族館協会に加入している動物園での類人猿の芸は皆無である」と指摘するように、公立の動物園で動物芸を披露するようなショーを見ることはほとんどない。

北海道の旭山市旭山動物園は、人間が芸を教え込むのではなく、それぞれの動物がもともと持っている習性を生かした展示をおこなっている点で、見せるためのショーを中心に据えていたそれまでの施設とは一線を画している。

多くの動物園が動物の福祉の観点から、動物園の動物の生活が負担の少ない充実したものとなるような手法を模索している。動物園の動物たちの環境を豊かにする試みは、一九八〇年代末からアメリカで始まり、今では日本でもこの考え方が取り入れられている。動物の生育環境に合わせて、動物本来の生活を飼育下において再現することが目的であり、それが同時に動物の福祉に配慮することにもなる、という考え方だ。

とはいえ、日本の動物園が、すべてこの考え方に基づいて展示をおこなっているわけではないだろうし、少しでもそれに近づけたいという思いがあっても、設備上の制約等でままならないケースも多々あるだろう。

動物本来の生活を再現する、と言うのは簡単だが、実現するのは容易ではない。何しろ、それぞれ生態が違う動物たちが集まっている。なかには夜行性の動物もいる。動物が持つ本来の生活に加え、それぞれの個体で性格もあろう。現状、環境改善に向け工夫はされているとしても、限りある予算と職員たちができる限界はおのずとある。

## 動物を「管理する」ということ

現在、個々の動物園がいわゆる珍獣を取り揃えることは困難になっている。パンダは、基本的に中国に返還されることが決まっているし、オーストラリア原産の有袋類カンガルーやコアラなども、海外へ輸出することが、年々難しくなっている。原産国における動物の保護、感染症対策に加え、動物たちは人為的な環境で過ごすべきではないという考え方が浸透してきたことも大きい。欧米などでは、動物の福祉を重視しているところも多い。

戦後の、情操教育を目的とした動物園の在り方は、日本では定着してきた。動物を見るまなざしは、物珍しさを求めて異形の珍獣を観るという視点から、ペットの延長線上として愛情を持って観る方向へとシフトしている。だから、動物園の動物について「展示」という言い方をすることにも、いささか違和感がある。

今後もいっそう、動物の福祉は重視されていくだろうし、動物園以外の動物についても同じことがいえるだろう。もちろんそれは、推し進めるべき風潮ではある。

そうした流れの一方で、「かわいい」「おもしろい」動物たちを集める民間の施設はなくならない。民間の動物がいる施設で飼われている動物たちは、現在でも動物芸を披露する場合がある。水族館のイルカショーなどは人気のアトラクションだ。ところが、人気が下降線になると入場者は減り、最悪の場合、閉園に追い込まれる。動物は、エサ代、場所代、燃料代、医療費など、ただ飼養しているだけで「コスト」がかかる。たとえ閉園しても、動物の譲渡が進まなければ、コストだけがかさんでいくのだ。もちろん、動物に罪はない。

新型コロナウイルスの影響で休館を余儀なくされた動物園や水族館の職員たちが「生き物を扱うのだから職員も休むというわけにいかないし、生き物たちに与える食料を減らすこともできない」と窮状を訴えていたのを、メディアで見た人も多いのではないだろうか。国内で繁殖させた動物を、動物園間で交換したりする際に、人気がないために余り気味になってしまう動物もいる。そうした動物や、飼育や管理が難しい動物については、動物園同士での譲渡や交換も進まない。

人が管理して「展示」する動物については、そのコントロールも人間がすべきだろう。計画的な出産や全体数の調整はもちろんだが、経営難に陥った際にどう対処するのか、体制を整えておかなければ、犠牲になるのは動物なのだ。

## 動物園の動物は幸せか？

動物園の檻の中で一生を過ごすくらいなら、たとえ弱肉強食をルールとする敵の多い世界であっても、自然界で自由に暮らすほうが動物は幸せなのではないか――。そのように言われることがよくある。「自由」であることを尊ぶ人間の目から見れば、たしかにその通りなのかもしれない。

しかし、動物園で生まれた動物についても同じことが言えるだろうか。生まれたときから人間に手厚く保護され、ほかの野生動物に襲われることもない。栄養バランスのよい「食事」が毎回用意されるので、エサを手に入れられるかどうか心配する必要もない。飼育動物が野生動物に比べて長命なのも、ある意味当然だろう。

動物に対する福祉も考慮されるようになり、展示動物が飼育される環境も改善されつつある。動物が受けるストレスについても、まだ十分とは言えないだろうが、配慮されるようになってきている。

そうした環境で生まれ育った動物を、そのほうが「自由」だからというだけの理由で、いきなり自然界に放ったらどうなるだろうか。おそらく、生き延びていくことは難しいだろう。

とはいえ、動物園にいる動物が「幸せ」なのかどうかという問題に対しては、慎重に対峙しなければならない。

動物にとって、自然界で生きるのと動物園で飼養されるのとどちらがより幸せなのかという問いにも、容易に答えることはできない。動物にその答えを問うても明確な答えが返されることはないだろうし、個体差もあるだろう。そういう意味では、正解はないのかもしれない。

そうした議論は以前からあり、現在でも多くの人がしきりと意見を交わしている。ネットなどでも、専門家や動物愛護団体のみならず、個人の自由な発言などを目にすることがある。

けれども、肝腎なのは、動物たちが幸せであるかどうかを決めるのは人間ではない、ということだ。そもそも「幸せ」と感じる心や感情を、人間以外の動物がどの程度持ち合わせているのかもわからないのである。

仮に動物が、単なる快・不快だけでなく、人間が感じるような「幸せだ」という気持ちを抱くことがあるとしても、その気持ちを抱いているのは動物自身なのであって、人間がそれを外から計り知ることはできない。

人間には、「想像力」がある。人に対しても、動物に対しても、「相手はどう思うだろうか」という視点で向き合い、行動している。時には、植物に対してすら感情移入し、想像をめぐらせることがある。病気の子どもに、親が胸を痛めるのは、「さぞ苦しいだろう」と想像するからだ。そうした想像力は、この人間社会で生きるためには、欠かせない力だと私は思っている。

だからこそ私たち人間は、動物に対しても、「動物の気持ちになって」、どのような環境ならば彼らが幸せに暮らせるのかと想像を駆使せずにはいられないのだろう。その結果、動物園などでも、現場の飼育員をはじめ多くの人たちが、動物たちが住まうのにふさわしいと思われる環境を築き上げようと工夫を凝らしている。

そのことに異論はみじんもない。ただ、どんなに環境がよくても、そこに住む動物たちが本当に幸せなのかどうかは誰にもわからないということだ。

野生で暮らしていた動物からしてみれば、いきなり捕まえられて、檻の中で一生過ごすことを強いられたら、それを理不尽にしか思えないかもしれない。人間を警戒して、終始落ち着かない気分でいる動物もいるだろう。一方で、「これで敵に襲われなくて済む」と胸をなでおろしている動物もいるかもしれない。

ただ、それらは究極のところ、人間が想像していることにすぎない。

こうした人間の想像力は、動物とどう向き合うかという課題においても原点となるものであり、重要な能力ではあるのだが、動物の福祉をもう少し客観的に考えるならば、個々の動物が持つ個性を尊重しながらも、その生活を人間がいかに管理していくのかという視点も必要になってくるのではないだろうか。

現在、動物の輸出入が困難になっていることもあって、動物園では、園内で動物を繁殖させるケースが増えている。動物園で生まれ育った動物たちは、野生の動物たちとは明らかに違うだろう。

そして、そのような環境下にある二世、三世の動物が増えるに従って、人々は動物園の動物を「幸せ」ととらえる見方も広がっているように見受けられる。たとえばネットでは、彼らについて、「ずっと世話をしてもらえるし、病気になったら治してもらえるから幸せ」と発言している子どもの書き込みを見かけるようになった。

野生動物を捕獲して動物園で飼育することに対しては懐疑的でも、動物園内で繁殖した動物を飼育することについては即座に善悪を見定められないという意見は、大人の間でもある。また、「種の保全」という観点から、人工的な繁殖等によって絶滅危惧種の延命を試みる取り組みなどは、単に動物を展示することを超えた動物園の役割として評価されてもいる。

アニマルウェルフェアの考え方の浸透に伴って、動物園そのものを否定的にとらえる人も増えているが、「かわいそう」「不幸だ」という感情論だけでなく、科学的な視点に裏づけられた議論も必要なのではないだろうか。研究者のみならず、一般の市民たち、あるいは子どもたちの間でも、そうした議論がもっと交わされてほしいと思う。

# 第3章

# 野生動物の逆襲が始まる?

## 豊かな自然が戻ってきているのか？

一九七〇年代の東京で見かける鳥といえば、「ハト」「カラス」「スズメ」くらいで、チョウと言えば「モンキチョウ」「シジミチョウ」くらい。梅雨時に突如現れる「ガマガエル」にびっくりするような、公害の時代を象徴する環境だった。

けれどもいつしか、それまで見たことのない、色鮮やかなチョウがひらひらと舞う姿を目にするようになった。よくよく観察すると、夏ミカンなどの葉の上をイモムシも這っている。それが二〇年近く前のことになるだろうか。

そのうち、ハト、カラス、スズメ以外の鳥たちの声も聞こえてきた。モズ、ヒヨドリ、シジュウカラ、メジロ……。春先になると、ウグイスの鳴き声も。郊外でも、山や森へ行けば、「シカ注意」「クマ注意」の看板を見かけるようになり、野生のサルに出くわすこともしばしば。実際、シカが道路を横切る場面とも遭遇した。

なんと風光明媚な世の中になったのだろうか、と感心した。「公害問題」に取り組み、環境問題に関心を持ち、努力を積み重ねてきた結果、人類は豊かな自然を取り戻しつつあるのだ、と……。

その一方で、最近になってから、市街地に降りてきたサルやシカに人間が脅かされるといったニュースにちょくちょく触れるようになった。人間の努力で豊かな自然が回復したように思えたのも束の間、結局は人間の手による乱開発で森が荒らされ、動物たちは食べ物を求めて仕方なく町に出てくるのだと思っていた。

ところが、だ。

野生動物管理を専門とする岐阜大学教授の鈴木正嗣は、その現状認識には「誤解」も多いという。

高度経済成長期に入ると、海外から輸入が増え、化石燃料も使われるようになり日本人の暮らしに変化をもたらしました。里山から物資を調達する必要がなくなり、地方の過疎化と相まって、人の手が入っていた里山は「森」へと変化し、「奥山」になっていったのです。つまり高度経済成長期を境に、野生動物の生育環境は好転し、シカやイノシシ、カモシカ、サルなどは生息域を拡大しました。しかし、この好転は一部の動物にとっての好転であり、ほかの動植物にとっては、より過酷な環境に追い込まれることになり、生態系全体や、生物多様性の観点からすると、かえって貧弱となる場合もあります。

（『望星』二〇二〇年九月号）

つまり、人間が開発したことによってではなく、人間が放置したことで、森の生物多様性はかえって低下する場合もあるというのだ。しかも、その結果として生態系バランスに悪影響が及ぼされているという事実は、以前よりも見えにくくなっている。シカやサルなど、人間にとって親しみのある大型・中型の哺乳類について見る限り、環境は改善されているからだ。

人間と山の関係には、長い歴史がある。日本の山村地では、多くの人は山のすそ野に住み、木材や水など、その山の恵みを利用して生きてきた。いわゆる「里山」がそれにあたる。

里山は人が管理している山であり、生活に必要なものはそこから調達されていた。燃料確保のために木が切られたり、陶磁器の産地では土が削られたりしてはげ山も多かったという。里山からどの程度の資源を調達するかは、そのすそ野に住む人々の暮らしぶりや人口の規模、里山の資源の質・量によって変化するが、いずれにしても人々は、里山とともに暮らしてきた。そういう暮らしが、実は戦後も続いてきたのだ。

ところが、高度経済成長期を境に、里山は一気に崩壊へとなだれ込む。若者が都心部に流入する一方、地方では過疎化、高齢化が進んだからだ。それまで、里山で調達してきた生活物資の多くが、化石燃料や安価な輸入品にとって代わられ、里山は「手つかずの森」へと変化していく。かつてあったはげ山は姿をひそめ、うっそうとした森があちこちに出現するようになる。

「手つかずの森」というと、何とも素晴らしい風景を思い浮かべがちだが、そう単純なものではないらしい。

先述の鈴木によれば、「手つかずの森」と「人間が管理している里山」と「人間の居住地」は、長い年月をかけて一定の棲み分けが成り立っていた。つまり、中山間地域、すなわち人々が適度に手を加え、ある程度開けた里山が、その境界線の役割を担ってきた。動物にとって、里山は人間と出くわしてしまう警戒区域にあたっていた。

かつて里山は、人間が必要な資源を調達する場所だったため、木材が切り出されたりすることで、はげ山とまではいかなくても、ある程度まで日光が差し込む、開けた環境だった。うっそうとした森では育たない植物がそこでは育ち、生物の多様性が一定程度保たれてきたのだ。

里山が利用されなくなってきた一九七〇年前後から、本来、もっと深い森で暮らしていた動物たちが、その生息域を拡大していった。

シカやサルが市街地に降りてくるのは、森が乱開発されたことでエサが失われ、仕方なく人間の領域に踏み込んでくるのではなく、うっかり市街地に出てしまうことがあることを意味しているというのだ。つまり、里山が崩壊したことによって、警戒区域が消失し、そのすぐ外にある市街地に意図せずして繰り出してしまう、ということだ。

しかもそこは意外にも、野生動物にとって「よい場所」だった。畑の野菜や果樹園の実は取り放題。人間の出した生ごみはごちそう。効率的にエサにありつける。人間と出くわして捕まるリスクと天秤にかけた場合、あえて人里に降りてくることを選ぶ大型・中型哺乳類が増えてもおかしくはない。

一方、外来種のアカゲサル、アライグマ、クリハラリス（タイワンリス）などが、日本各地で数を増やしていることも、森や里山で何千年もかけて生きてきた動植物たちにとっては、脅威になっている。

多くの在来の動植物が絶滅の危機に立たされると同時に、市街地に降りてきた動物たちによって、人の生活にも被害が広がっているのである。里山の放置、外来種のずさんな管理などが、どれだけの影響を及ぼしているのか、一度考えてみる必要があるだろう。

すべては人間の都合ではないか、と問われれば、その通りかもしれない。けれども、それなら甘んじてこの状況を受け入れよというわけにもいかない。この状況を放置すれば、やがて生態系のバランスが大きく崩れ、絶滅の危機にさらされる動植物がさらに増えるからだ。

たとえば在来種のニホンリスは、地域的に絶滅の危機にさらされているが、特定外来種に指定されているクリハラリスは全国的に数を増やしている。生息域が重なるため、今後、ニホンリスはますます減少するだろう。

しかもクリハラリスは、人間の生活圏に近いところに生息するため、より厄介だ。実際に被害に遭っている農家や住民、自治体が駆除などの対策を打っても、姿は愛らしいために、よほどの注意喚起をしなければ、観光客には「害獣」と認識されない。

鎌倉あたりでは、一五年ほど前までは、木の上を駆け回るニホンリスの姿がよく見られたが、最近ではクリハラリスにしか出合わない。しかも、クリハラリスは地を駆け巡り、人が近づいても逃げないことから、観光客から餌付けなどもされていると思われる。実際、カップルなどが写真を撮るために近づいても、ピクリともせずにいる姿を見たことがある。

日本は、人口減少時代に突入している。現在すでに「限界集落」と呼ばれる地域があるが、今後いっそう、消失していく村や町が増えていくだろう。そうした地域では、町や村の背後にある里山が放置され、「手つかずの森」に戻っていく可能性が否定できない。

そうなれば、ある一定の動植物だけが勢力を伸ばし、生物多様性は失われ、中型哺乳類などによく見られる人畜共通の感染症が蔓延してもおかしくはない。もちろんそれは、人やペットなどに広がる可能性もある。

外来種に対して、島国である日本は「対策は容易」と思われてきたが、新型コロナウイルスが一気に世界中を駆け巡ったように、これだけ人やものの行き来が増えた今、「水際対策」は容易ではない。島国日本が、「水際対策」以外の策をどの程度打てるのか。そうした課題も残る。

## 「わたしだってかわいいのに」――〝害獣〟に転じたシカ

かわいらしいくりくりとした目。つややかで美しい毛並み。軽やかな足取り。シカは古くから和歌に登場するなど、人と関わりの多い草食動物だ。

『日本の動物観　人と動物の関係史』によれば、縄文遺跡から、すでにシカの骨片が出土されていることからわかるように、狩猟獣としての歴史も長いという。狩猟採集が中心だった当時は、貴重な動物性タンパク源であっただけでなく、毛皮や角や骨も生活用品としても利用されていた。農耕文化となった後も、山間部では冬場の食料としてさかんに狩猟され、一部の地域では絶滅を引き起こすこともあったそうだ。このような状況は、江戸時代末期まで続く。また、田畑を荒らす「害獣」として農民と攻防を繰り広げてきた歴史もある。

明治初期には、鳥獣保護管理法（鳥獣保護法ともいわれる）など法律も整備された。環境省のホームページによると、日本各地の気候はさまざまで、地域差が大きいものの、一九六〇～一九七〇年代にシカは激減、その後、また激増している。

ニホンジカの分布域は、先にも記したように、高度経済成長後、里山の崩壊によって生息地域が拡大し、一九七八年度から二〇一八年度までの四〇年間で約二・七倍に――。同

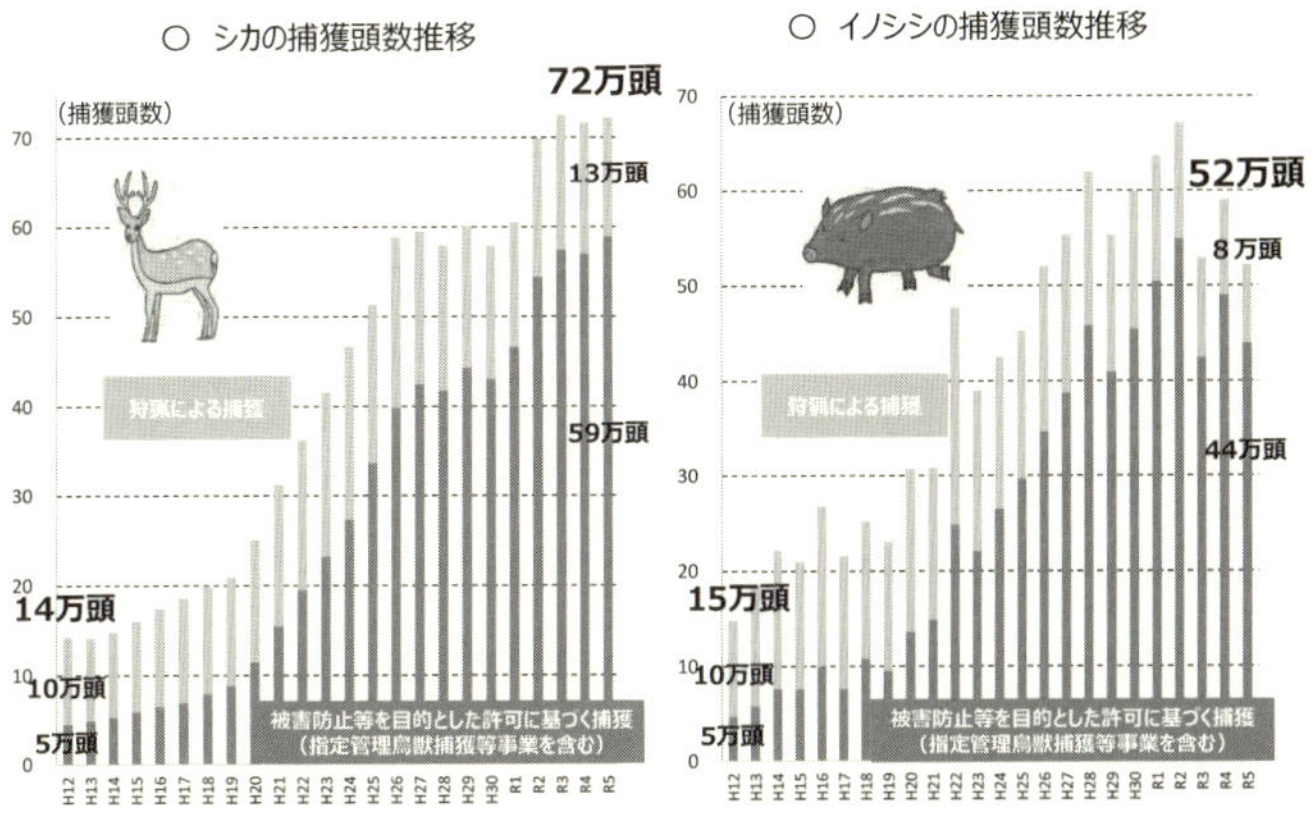


※シカは北海道のエゾシカを含む数値。
※シカ及びイノシシのR2捕獲数は速報値（令和３年８月19日現在）。捕獲数の訂正等により今後変更があり得る。

シカとイノシシの捕獲頭数推移（農林水産省）

様に激増したイノシシと並んで、急速な生息数の増加や、生息域の拡大により、自然生態系、農作物等に深刻な被害を及ぼす原因となっていた。

そこで環境省と農林水産省は、「抜本的な鳥獣捕獲強化対策」（二〇一三年一二月）を共同で取りまとめ、「ニホンジカ、イノシシの個体数を一〇年後（二〇二三年度）までに半減」することを当面の目標とした。

集中的かつ広域的に管理を図る必要がある鳥獣を、国が「指定管理鳥獣」として指定して、都道府県等が主体となって捕獲をおこなう「指定管理鳥獣捕獲等事業」を創設。指定管理鳥獣としては、全国的な生息状況や被害状況を勘案して、ニホンジカ及びイノシシが指定されたのであった。

その捕獲数は、二〇二三年度で実に七二

万二七〇〇頭にのぼる。なお、ここで言う「捕獲」とは「駆除」を意味する。

シカは人間の歴史のなかで、増減を繰り返している動物のようだ。

爆発的に増えたシカは、農作物を荒らし、自然生態系を脅かす。時には角や後ろ脚で人を襲うこともある。

政府の対策が功を奏したのか、シカの個体数はこの数年、わずかに減少傾向にあるが、それでも絶対数としてはまだ多い。

都市部で暮らしている人にとっては、シカは愛らしい動物である。観光地でエサを与えたことがある人も多いだろうが、たいていはおとなしく、人間になついているように見える。

時折、都会でシカが出没すれば、瞬く間にテレビやネットで報道され、市民が見守るなか、捕獲され、山に放される。けがをしていれば手当をしてもらえる。その一方で、年間六〇～七〇万頭のシカが駆除されているのだ。一部はジビエ（調理して食用に供される野生肉のこと）として利用されるのだろうが、同じシカなのに扱いがこれだけ異なることには、不思議な思いを抱かされる。

シカは、見た目の優雅さも手伝って、都市部の人には親しみやすい動物として受け止められている。農作物を食害されるなど、直接的な被害を受けていないからだ。またシカは、奈良公園のシカに代表されるように、人間のごく近くで過ごすことができる動物でもある。

わざわざ駆除しなくてもいいのではないかという思いを持つ人も多いだろう。

しかし、鳥獣には「管理」が必要とされる面もあるのは事実だ。「鳥獣の管理」というと、あたかも人間が生物の世界でヒエラルキーのトップにいるかのようで違和感を覚える人もいるかもしれないが、人は常に、その時々に「最良」と思われる方法で、鳥獣たちを「管理」してきたのだろう。そうしなければ、人間が暮らしていくのに大きな困難があったから――。

人口減少に歯止めがかからない日本においては、野生動物の管理は非常に大事なことなのかもしれない。それぞれの動物の個体数をどれくらいに維持しておくのが適当なのか、シカなどの野生動物だけでなく、生態系全体で考える必要がある。

人間は勝手なもので、かわいいものや優雅で美しいものにはやさしい。シカもその部類に入る動物だろう。が、増えすぎた今、「かわいい」だけでは、常に保護される立場に立つことはできないらしい。

## 外来生物の今

外来生物法（特定外来生物による生態系等に係る被害の防止に関する法律）をご存じだろうか。

環境省のホームページでは、この法律の目的を、「特定外来生物による生態系、人の生命・身体、農林水産業への被害を防止し、生物の多様性の確保、人の生命・身体の保護、農林水産業の健全な発展に寄与することを通じて、国民生活の安定向上に資すること」と定めている。

この特定外来生物とは、「外来生物（海外起源の外来種）であって、生態系、人の生命・身体、農林水産業へ被害を及ぼすもの、又は及ぼすおそれがあるものの中から指定」されたもので、現在一五〇種類以上の動物が指定されている。

外来種というと、海外から日本に持ち込まれた生物のように思われがちだが、日本国内であっても、生息地以外の場所に何らかの生物が持ち込まれた場合には、「外来種」となる。たとえば、日本の本州以南にしか生息していなかった生物が北海道や沖縄などで生息する場合は、「国内由来の外来種」と呼んでいる。

現在、日本の外来生物法では、海外から日本に持ち込まれた生物（国外由来の外来種）に焦点を絞り、人間の移動や物流が盛んになり始めた明治時代以降に移入されたものが指定されている。

国内に生息する外国起源の生物の数は、わかっているだけで約二〇〇〇種類。明治以降、動物園での展示目的で、あるいはペット、研究用、食用として動物等が輸入されたケースもあれば、荷物や乗り物に紛れ込んで入ってきたケースもある。

外来種というと「異物」のように受け取られがちだが、農作物や家畜、ペットなどにまで視点を広げれば、実は現代の日本人の生活に必要不可欠な生物も、そのなかにはたくさん含まれている。

また、外来の生物が偶発的に自然界に逃げ出したとしても、その多くは繁殖することができずに絶滅してしまう。

一方で、地域の自然環境に大きな影響を与え、生物多様性を脅かすおそれのある生物もいる。このような問題を引き起こす可能性のある海外起源の外来生物を、特定外来生物として指定し、その飼養、栽培、保管、運搬、輸入といった取り扱いを規制することで、生態系等への悪影響を防いでいるというわけだ。

ペットとして珍重された外来の生物が遺棄されたために、野生として繁殖し、生態系を脅かしたり、人間に危害を加えたりする深刻なケースもある。

千葉県・印旛沼周辺で問題になっている特定外来生物のカミツキガメは、二〇二〇年三月末時点で推計約六五〇〇匹程度と発表されている。カミツキガメは攻撃的で、噛まれると大けがをするおそれがある。長命なうえ、繁殖力が強いため、人間へ危害を加えるだけでなく、周辺の生態系への影響も懸念されている。

一九六〇年代ころから日本で流通、もともとはペットとして飼われていたものだが、成体になると体長が六〇センチメートル近くになる。その結果、飼い主が飼いきれなくなったり、個体が逃げ出したりするケースもあったのではないかと推定されている。印旛沼では、二〇〇二年には孵化幼体が見つかったことから、この地域に定着したと見られている。

## 小さいものほど厄介な外来種

最近、ニュースなどで報道されるヒアリも、特定外来生物に指定されている。『AERA』二〇二〇年一〇月一九日号には、「九月一七日、名古屋港で七〇〇〇匹。二五日、同港で一〇〇〇匹。二九日、横浜港本牧埠頭で数百匹。一〇月一日、東京港青海埠頭で五〇〇匹——」という書き出しから、以下のような記事が掲載されている。

日本各地で強毒性の外来アリ〝ヒアリ〟の発見が相次いでいる。二〇一七年に初めて見つかって以降、一日までに一六都道府県で六〇事例が確認された。初確認時は〝殺人アリの襲来〟と大騒ぎになったが、ここ最近はニュースの扱いも小さい。しかし、実はいま、ヒアリの定着を防げるかギリギリの攻防が続いている。

相手は「アリ」だ。ちなみに毒針を持つのは、ヒアリの中でも一番数が多い働きアリだが、この働きアリの体長は二・五〜六ミリメートル程度。よほどの知識を持ち、注意を払っている人でもなければ、「ただのアリ」にしか見えない。

環境省のホームページでも写真やイラスト付きでその特徴を示しているが、見てそれとわかる特徴は体色が赤茶色である点くらいで、それ以外は虫メガネでも使わない限り、「ただのアリ」と「ヒアリ」を見分けることは不可能に近い。同じ働きアリであっても個体によって大きさがばらばらというところも、素人による識別を困難にしている。

刺されると強い痛みが生じ、体質等によっては強いアレルギー反応（アナフィラキシーショック）を起こすおそれがあるほか、電気設備（配電盤や変圧器、機械の内部）に巣を作り、信号機や空港の着陸灯を故障させたり、電線をかじって停電を引き起こしたり、ショートさせて火災の原因を生じさせたりすることもある。

その他、農作物をかじって品質や収量を低下させたり、家畜やペットを襲い、人と同じような重い症状を起こさせたりと、ヒアリが及ぼす被害は多岐にわたっている。

記事にもある通り、日本で初めてヒアリが発見されたときには大きなニュースになったが、その後、相次いで発見されてもさして話題にのぼらない。だが、脅威がなくなったわけではない。ヒアリはいったん定着してしまうと、根絶が極めて困難になるからだ。女王アリの寿命は六～七年。毎年、二五万個の卵を産む。大きなアリ塚となるには二、三年かかるそうだが、その規模に達さないように、政府は躍起になっている。

もともとヒアリは、南米中部に生息するアリだったが、船や飛行機に積まれたコンテナや貨物に紛れ込んで、一九四〇年代ごろからアメリカ合衆国やカリブ諸島に次々と侵入し、二〇〇〇年代には原産地から遠く離れたオーストラリア、ニュージーランド、中国、台湾でも発見されるようになった。根絶に成功したのはニュージーランドだけで、ほかの国も駆除はおこなっているものの、根絶には至っていない。

国民への注意呼びかけが大事なのはもちろんだが、相手がアリとなると、国民の警戒レベルも低下してしまい、クマのように恐れられることもない。けれども、ウイルス感染したマダニに刺されて死者が出るように、実は小さい生物にこそ、人間の命を脅かすものも多いということを肝に銘じるべきだろう。

大きな動物は、足跡や糞などから、人間の生活圏に踏み入っていたことを発見しやすい。素人でも、講座や研修を一度受ければ、意識が向き、その手掛かりを探し出せるようになるという。けれども、ヒアリのような小さな虫などについては注意がおろそかになりがちだ。

それでも人間の健康にただちに害を及ぼすものなら、人々も関心を向けるが、日本の生態系を大きく崩しかねないとしても、直接人間に害が及ばない生物である場合、関心の度合いはさらに低くなるだろう。いずれ、日本の在来種の多くが絶滅の危機にさらされるころになって、人々は初めて事の重大さに気づくことになるのではないだろうか。

## 追跡が困難になっている特定外来生物

特定外来生物に指定されている哺乳類には、タイワンザルやアカゲザル、ヌートリア、アライグマ、ジャワマングース、タイリクモモンガ、ハリネズミなどがある。どんな動物か何となくでもイメージがわくものもあるが、ニホンザルとタイワンザル、アカゲザルを見分けろと言われても、素人には難しい。さらにこれらの種の間でかけ合わせが進んでおり、見極めはますます困難になっている。

第2章で挙げたキョンも、日本の在来種ではない。現在、千葉で増え続けているシカ科の動物で、これも特定外来生物に指定されている。実際に人前に出没し、農作物を荒らすなどの甚大な被害を及ぼしている。もともとは中国東南部、台湾などに分布しており、成獣でも体重は九〜一〇キログラムほどと小さい（ちなみにニホンジカはオスで六〇キロ、メスで四〇キロほど）。先に述べた通り、閉園となった勝浦市の施設から逃げ出した個体が野生化したと考えられているが、すでに相当数が生息していて、千葉県では捕獲対象の動物として指定されている。

ウシガエルは、ＩＵＣＮ（国際自然保護連合）の「世界の侵略的外来種ワースト一〇〇」及び日本生態学会の「日本の侵略的外来種ワースト一〇〇」に選定されている。

体長約一八〇ミリと大型で、極めて捕食性が強く、昆虫やザリガニのほか、小型の哺乳類や鳥類、爬虫類、魚類までも捕食する。秋田では、ウシガエルが侵入・定着した池で、かつては生息していたモリアオガエルなどが見られなくなったとの報告があるほか、全国規模でも、同様の調査報告がある。

国内の侵入分布は、北は北海道から、南は沖縄八重山諸島まで全国に広がっている。捕食性が強いことから、在来の昆虫類やカエル、小動物が影響を受けるとされる。もともとは、アメリカ合衆国東部・中部、カナダ南東部に生息していたが、食用、養殖用として持ち込まれて定着した。ウシガエル本人に罪はないと思うと、「ワースト」扱いされることはなんだか気の毒にさえ感じられる。

カエルは見分けが難しいが、ウシガエルに関しては、巨大であること、鼓膜が大きいこと、雄は「ウオー」という牛に似た太い鳴き声を出すことなどが目安にはなろう。

ちなみに、特定外来生物と指定を受けた動物の一覧は環境省のホームページに掲載されており、写真や特徴などが記されている。テレビや新聞のニュースにならなければ、あるいは人間に直接的に被害が及ばなければ、こうした生物にはなかなか人々の関心が向かわない。きっとどこかにこういう問題について取り組んでいる人がいて、何とか対策してくれているのだろう、と他人事のように思いがちだ。

外来生物であったとしても、カエルや小さなヘビくらいなら、仮に自然界に放したところで問題ないと思っている人も少なくないのかもしれない。まして昆虫に至っては、まったく影響ないだろうと考える人がいても不思議ではない。

外来生物法で指定されている動植物は、明治以降、人の行き来によって侵入してきたものである。

軽い気持ちで放した動植物が、生態系にとてつもない影響を与えてしまっているのだ。昆虫などはネットで簡単に買える時代だが、今一度、犬や猫のように最期まで責任を持って飼えるのか、自問してほしい。

「捨てる」という言葉には後ろめたい気持ちが付随するが、「自然に返す」、「放す」と言うと、罪悪感は一気に減る。しかし、やっていることは一緒だ。これだけ流通が発達し、すぐに買えるペットが身近にあるということは、それだけ多くの人が「買って」いるということだ。自分一人くらい放したところで影響などない、という気持ちの人がたくさんいる、ということでもある。

もちろん、災害時にどうするかということも考慮して飼ってほしい。このような特定外来生物の対策にたくさんのお金（税金）が投じられていることを忘れてはならない。

## 日本でアライグマが「特定外来生物」に指定されたわけ

一九七七年に放映された連続テレビアニメ『あらいぐまラスカル』は当時人気を博していた。子ども向け番組だが、放送が日曜の夜だったこともあり、子どものみならず、多くの大人も観ていたことだろう。

これをきっかけに、動物としてのアライグマがたちまち人気となった。当時はおりしも、エキゾティックアニマル（犬、猫、牛、豚、ニワトリなどのありふれたペットや家畜とは異なる動物の総称）がブームになっていたこともあり、アライグマはペットとして北米から大量に輸入された。実数としては不明だが、子どもにせがまれて「買った」人も多くいるだろう。

元来、アライグマは成獣になると気性が荒くなるため、素人による飼育は極めて困難な動物だ。子どもの指をエサと間違えてしまうようなところもあり、小さな子どものいる家庭では飼いきれなくなるケースも多々あったと思われる。

当然のことながら、アニメのなかのラスカルとは違って、ただ愛らしいだけというわけにはいかない。実は当のアニメでも、主人公の少年が、ラスカルを湖のある自然に帰すという場面が終盤で描かれている。

また日本には、もともと仏教に根差す「放生《ほうじょう》」と呼ばれる風習があった。捕獲された魚や鳥獣を買い取り、川や山林などの自然のなかに解き放つ慈悲的行為のことだ。それと似た心持ちから、「自然に帰って、元気で幸せになってね」という思いを込めて、ペットのアライグマを放った飼い主たちもいたかもしれない。

当時、どのくらいのアライグマが輸入され、その後、捨てられたり放置されたりしたのか、その実数はわかっていない。

愛知県犬山市の施設で飼育されていた一二頭の個体が一九六二年に脱走したのが、日本におけるアライグマ野生化の最初の例と言われているが、その後、あちこちで人為的に捨てられ、それが野生化していったことは間違いないだろう。その結果、アライグマは、日本各地の山野で急速に野生化し、数も増加した。

外来種が自然へ放たれると、急激に数を増やすケースがある。もちろん、絶滅してしまう外来種も多いのだが、アライグマに関しては、日本の自然界に天敵がほとんど存在しないことから、数が急激に増えていったと考えられている。

また当時は、野生の鳥獣を捕獲することは「鳥獣管理保護法」によって禁止されていたため、アライグマが捕獲されることがあっても、再び放たれていた。行政によって「奥山放獣」（捕獲した動物を奥山に移動させて解放すること）されたという記録も残っているが、農地や人家を荒らすアライグマに手を焼いた住民が、自ら捕獲して海岸や奥山に放ったというケースもある。

全国でアライグマの生態や被害状況などの調査を進める関西野生動物研究所（京都市東山区）の川道美枝子らによるアライグマ増加の試算は、成獣メスの死亡率二〇パーセント、成獣オス三〇パーセント、こども五〇パーセントと仮定したもの（個体群の死亡率のデータはない）だが、アライグマの個体数は、オス、メス一頭だったものが、五年で三三頭、一〇年で三五〇頭、一五年で三六六七頭、二〇年で三万八四五一頭と急激に増えていくという。

原産地の北米では、アライグマは主に樹洞、建造物の屋根裏、物置、土の穴、土管、側溝などを住処《すみか》にすることが知られている。日本で野生化したアライグマは、古い木造建造物を樹洞の代わりにしているケースも多い。そのため、社寺や民家を巣として利用することで内部を糞尿で汚損するとともに、破壊することが多い。仏像や仏画などの文化財への被害もある。

またアライグマは雑食で、農作物への被害も甚大だ。果実やトウモロコシなどを食害することはもちろん、時にはペットフード目的に犬や猫を襲うこともあるし、子猫を補食する場合もある。二〇一一年には、兵庫県で犬を散歩させていた人がアライグマに襲われているが、アライグマと出くわした人が襲われた例はこれにとどまらない。

アライグマが外来生物法による特定外来生物に指定されたのは、二〇〇五年になってからのことだ。そして二〇〇六年には年間一万頭超、二〇一二年には三万頭弱が捕獲されている。

先の関西野生動物研究所の川道が調査で関わる京都府の一部の地域では、個体数に関してある程度はコントロールできつつあるが、コントロール不可能な地域も少なからずあるという。

テレビアニメで有名なアライグマが特定外来生物に指定されていることを知らない人も多いだろう。夜行性のため、普段はなかなか目にすることはないが、市街地などで複数の目撃情報があることから、かなりの数が生息していると考えられる。

二〇〇八年には、アライグマが一度でも確認されたのは四七都道府県すべてとなっている。外来生物ではあるが、もはや根絶は不可能に近いほど、数を増やしているということだ。

実は、このような動物はアライグマだけにはとどまらない。齧歯《げっし》目のヌートリアなども、同じような傾向にある。

ヌートリアも、二〇〇五年に外来生物法による特定外来生物に指定されている。ヌートリアは主に戦前から戦後にかけて、毛皮を採取することを目的に輸入され、一九四四年には全国で約四万頭が飼育されていた。

戦後、養殖施設の閉鎖などにより、飼育個体が野外に放たれるなどして野生化。農作物被害や、堤防の強度低下など治水上の問題も深刻化した。西日本での被害は甚大で、在来種ベッコウトンボの生息環境を壊滅させるなど、生態系への影響も大きい。

特定外来生物としての指定は免れたものの、現実的に被害を及ぼしている外来種は、ほかにもある。ハクビシンは、江戸時代から日本に生息していたという説もあったが、遺伝子解析の結果、現在、日本で見かけるハクビシンは、台湾などから入ってきた外来種と結論づけられた。

もともと、毛皮をとるために輸入されたのが最初ではないかと考えられている。二〇一五年に公表された「生態系被害防止外来種リスト」では、重点対策外来種となっており、対策の必要性が高い動物とされている。

アライグマと同じ夜行性で、大きさが同じくらいであることから、夜間には見分けがつきにくいが、白い鼻筋が特徴だ。小集団で行動し、電線などを器用にわたる。人家の屋根裏などを住処にすることも多い。糞尿の臭いがきつく、屋根裏に住み着かれた場合の被害は甚大だ。

アライグマやハクビシンは、東京でもよく見られる野生動物で、大まかにいうと西部はアライグマ、東部はハクビシンが多い。ハクビシンは、東京の原宿や赤坂など都心部でも見られる。実際、二三区内のあちこちでその姿を見ることができる。私自身、ベランダをゆうゆうと歩いている姿を見かけたこともある。私がベランダへ出ようとして窓を勢いよく開けてもまったく動じなかった様子を見ると、かなり人に慣れているようだ。

アライグマが急速に数を増やしていったことには、いくつかの要因がある。ひとつは、全国のあちこちで捨てられ、捕獲されては再放獣されるなどの人的な介入が多かったこと、そしてもうひとつは、アライグマのように木に登る習性を持つ中型の哺乳類が、日本にはそれほどいなかったことだ。つまり、日本にはアライグマが生き延びやすい環境がもともと整っていたということだ。

しかし、このアライグマをはじめ、ヌートリアやクリハラリス、ハクビシンなどの外来生物を放置すれば、現在いる日本の在来種が絶滅の危機にさらされる。実際、これらの動物のエサとなるカエルなどの生物も、激減している状況にある。

もうひとつ、懸念されているのが、人獣共通感染症だ。アライグマを経由して人に感染する疾病としては、原産国ではアライグマ回虫による幼虫移行症や狂犬病が知られている。

幼虫移行症は、北米原産のアライグマに普通に見られるアライグマ回虫（Baylisascaris procyoni）を、人がその虫卵を経口摂取したことによって致死的な中枢神経障害を引き起こすもの。日本にも北米から移入されたアライグマが多数生息するため、それらから人への感染を防ぐ注意が必要となっている。

狂犬病は、現在日本での発生はないが、世界を見れば、イギリスやスカンジナビア半島などごく一部の国を除く多くの地域で発生している。中国や韓国などの隣国でも発生例はある。そのためヨーロッパや北米では、狂犬病対策として、アライグマを含む媒介動物の密度低減措置や経口狂犬病ワクチンの散布など、さまざまな対策に多額の予算を投じている。

海外との間で人や物の行き来がこれだけ盛んにおこなわれている時代であれば、こうした病原体がいずれは日本に持ち込まれる可能性も否定できない。けれども前述の川道は、環境省をはじめとして、現在の日本の当局が取っている感染症対策は十分とは言えないと指摘している。

本来であれば、島国である日本は、他国と比べると感染症等の対策を打ちやすいはずだが、予算などの諸事情により、水際対策が不十分だというのだ。そこに手抜かりがあると、結果として感染症を防げなかったり、蔓延を防ぐために莫大な予算を組まざるをえなくなったりして、人々の健康や経済などに甚大な影響が及ぼされる可能性は極めて高い。

一九七七年当時、「ラスカル」ブームに乗ってペットとして飼われ、やがて森に放たれていったアライグマたち。半世紀近くが経った今になって、彼らが人家や文化財、農作物や生態系にまで害を及ぼすことになるなどと、当時、どれだけの人が想像できただろうか。

もしかしたら、アライグマにとってみれば、家の中の小さなケージに入れられているよりも、森は快適だったかもしれない。けれども、ある日突然、彼らは「害獣」として人間に襲われる存在になってしまったのだ。

アライグマと接点のない生活を送っている人から見れば、その事態は「かわいそう」と思われるかもしれず、「人間は身勝手すぎる」という感想になるかもしれない。事実その通りだと私も思う。だからといって、「害獣」としての彼らを放置すれば、人々の生活が今以上に脅かされるばかりか、生態系全体にも影響が及び、多くの動植物が絶滅したり、その危機にさらされたりするだろう。

川道は、「どんなにペットは死ぬまで責任を持って飼いましょうと言っても、ペットでお金を儲けたい人、珍しい動物を飼いたい人、その動物を自慢したい人はなくならない」と指摘したうえで、生態系への被害等が懸念される動物については、法で規制するしかないと言う。

個人への訴えかけには限界があるということなのだろうが、行政はどこまで本気で考えているか知りたいところだ。

## 野生動物の人身事故

二〇一六年、秋田県鹿角市十和田大湯地区で、ツキノワグマ（以下、クマ）による死亡事故が四件連続して起きたことを覚えているだろうか？

その四件の死亡事故においては、いずれもご遺体が食害されていた。最初の事故から短期間の間に、狭い範囲内で似たような事故が相次いだため、マスコミは「クマが人を食うために襲うようになった」と大きく取り上げた。そのことを記憶にとどめている人も多いかもしれない。

事故が起きたのは五月から六月にかけてであり、多くの人がタケノコ採りのために入山していた。七人が襲われ、うち四件が死亡事故だった。これまでも、クマとの遭遇による事故はあったが、これだけ短期間の間に多くの人が襲われ、しかも食害されていたという事実は衝撃的だった。

もともとクマは臆病な動物で、できれば人に出くわしたくないと思っている。だからこそ日本では、鈴を鳴らしたり、会話をしながら歩いたりすれば比較的安全だと思われてきた。すなわち、「ここには人間がいるぞ」という合図を送ることが、クマ除けの方法として選ばれてきたのだ。

ところが、クマが積極的に人間を襲って食うつもりでいるのだとすれば、鈴を鳴らしながら歩くこと自体が自殺行為になる。

人身事故後、人間を積極的に襲撃した可能性の高いクマが一頭射殺されたが、日本クマネットワーク（クマと人間の共存を目的として活動する団体）がおこなった調査報告によると、このときのクマによる一連の襲撃は、複数のクマによるものか、特定の一頭のクマによるものか、明らかではないという。

その点を明らかにするためには、事故直後の現場やご遺体から、体毛など、加害グマの遺伝情報を含んだサンプルを採取することが必要だが、この事件では、その検証に必要な加害個体の遺留物サンプルも、ごくわずかを除いて採取・保存されていなかった。関係機関との連携もうまくいっていなかったことや、専門家なども含めた早い段階での対策がなされていなかったことから、科学的に解明できない部分があると報告されている。

ツキノワグマは、胸部に三日月形の斑紋があることから、日本や韓国ではその名で親しまれているが、一般的には「アジアクロクマ」と呼ばれる。イランやパキスタンのほか、ロシア沿海地方、中国、北朝鮮、韓国まで分布しており、現在、生息する国は一七カ国だ。

近年、クマとの遭遇事故は、年によって増減はあるものの、どちらかといえば増加傾向にある。クマの生息地も、すでに全滅した九州、数十頭しかいない四国を除けば、ほぼ日本全域に広がっている。山の中で暮らすクマの生息数を正確に調べることは困難だそうだが、少なくとも、人と遭遇する件数は増えている。

クマが人里に出没するケースが増えている原因は何か？

ひとつは、先にも触れたが、中山間地域の自然環境の変化だ。昔も今もクマの生息域はほとんどが森林である。一九六〇年代をピークとして用材伐採量は低下し、それに伴って里山への人の出入りは激減していった。クマにとってみれば「人が近い」と警戒していた里山が崩壊したことで、「警戒地域」がわからなくなっている可能性がある。

一方、クマの食材となる落葉広葉樹の堅果類が凶作となった年には、クマの出没数が増えていることから、堅果類の凶作も、クマの大量出没を引き起こす要因のひとつになっていると考えられる。

実は、ツキノワグマが生息域を広げているのは日本の本州くらいで、世界的に見ると、数は急速に減っており、ＩＵＣＮ（国際自然保護連合）のレッドリストでは危急種に指定されている。

テディベアやくまのプーさんに象徴されるように、クマはその愛らしい見かけから、世界中の人に愛されている。もしかしたら、最も愛されている動物のひとつかもしれない。それでいて、最も遭遇したくない動物のひとつでもあるのではないだろうか。

ツキノワグマの身長は一二〇センチメートル前後で、北海道に生息するヒグマより小型だ。とはいえ、危険な動物であることに変わりはない。クマと遭遇して素手で戦った、といった武勇伝をテレビなどで見聞きすることもよくあるが、そんな危険な振る舞いは厳に慎むべきだろう。

## 大型野生動物と棲み分けは可能か？

ツキノワグマは、一般的に四月ごろに冬眠から覚め、六月から七月ごろに繁殖期を迎える。子は一歳半まで母グマと一緒に過ごしている。子育て中の母親は、子どもを守ることに神経質になっている。一方、繁殖期のオスはメスを探し回り、周りが見えていない状態に陥る。秋には冬眠へ向けて多くの食べ物が必要になり、どんぐりであれば一日あたり、三〇〇〇から四〇〇〇個ほど食べている。このような基本的な知識は、危険を回避するうえでも大切だ。

たとえば、人がタケノコ狩りを目的として山に入るころは、子育て中のクマがいる可能性がある。

小さなクマを見かけても、けっして近づいてはいけない。その背後に母グマがいる可能性があり、子グマを守るために襲ってくることがあるからだ。

冬眠を前にした秋も、クマたちはエサを求めて必死になっている。特に、堅果類の凶作年には、農地や市街地に降りてくることもあるということを念頭に置いて対策を取る必要がある。農地周辺には、エサとなる食べ物や生ごみなどを放置したりしないようにするかたわら、電気柵を張ったりする必要がある。庭木の果実なども狙われやすいが、早めに収穫するなどの対策で効果はある。

クマはたいへん記憶力のよい動物だそうだ。だから、農地や市街地に降りてきておいしいエサにありつけたという「成功体験」が一回でもあると、その次もやってくる可能性はある。クマは基本的には単独で行動するが、母子は共に行動するため、母子で市街地などに降りてきた際に「成功」を経験すれば、その子グマも独立してから単独でやってくるということは考えられる。

人間が対策できることはまだある。人が住んでいる地域にクマが出没すれば、誰かに目撃されていることが多い。町の回覧板やSNSなどを活用して、迅速に情報を共有することも肝要だ。近ごろは東北地方でもよくクマを見かけるようになっているが、ホームページなどで情報を逐次提供している自治体や団体もある。

ちなみに本州でも、山が少ない千葉県にクマはいないとされている。一方、東京都はクマの生息地であり、少数ではあるが、捕獲もされている。

クマはもともと森林で暮らす動物で、棲み分けさえできれば人間との共存は可能なはずだ。けれども、クマと人間の距離が想定以上に縮まっているとしたら……。裏庭に頻繁にクマが出たり、通学路にクマが出没したりするような状況となったら、心穏やかには暮らせない。

クマなど絶滅してしまえばいいと言う人はあまりいないと思うが、人間の生活圏にクマが頻繁に出没することを歓迎する人もいないだろう。共存を維持したいなら、人間のなわばりに入ってきてもいいことはないとクマに思わせること、つまり「成功体験」をさせないことが大切だ。

その際、人とクマとの適度な距離感を決めるのは、地域住民とならざるをえない。野生動物の問題は行政に任せきりになりがちだが、それだけでは無理がある。市街地でのクマの目撃情報が増えている昨今、住民たちも当事者意識を持って関わっていかなければならないだろう。

クマの生態については、未知なるところも多い。先述の事故はいずれも人が山に入った際に起こったものだが、人の住む地域に積極的にエサを求めて降りてくる、「アーバン・ベア」と呼ばれる都市型のクマもいる。市街地におけるクマの目撃情報が増えているところを見ると、そうしたクマが増えてきている可能性も否定はできない。

日本クマネットワークはこのアーバン・ベアについても調査を始めるそうだが、現時点ではわからないことが多いようだ。先ほどの対策などもそうだが、やみくもに怖がるのではなく、生態を明らかにし、地域住民とともに対策をとることも重要になってくるだろう。

二〇二四年四月、四国の個体群を除くクマ類（ツキノワグマ、ヒグマ）が、指定管理鳥獣に指定された。その背景には、市街地へ出没回数の増加、人的被害の発生などがある。はたしてクマと人間は、森と市街地をめぐってそれぞれに適正な距離を保ちながら、共存していくことができるのだろうか。今が正念場なのかもしれない。

## 野生動物をめぐる攻防の歴史

野生動物保全管理学の三浦慎悟によれば、江戸時代、日本には野生動物がかなり豊かに生息していたと考えられている。「生類憐みの令」をはじめとする殺傷禁断政策が長くとられていたことに加え、幕府や藩が「鷹場」や「狩場」を所有し、庶民の狩猟を禁止していたことも関係しているという。

しかし、こうした政策で一番被害を受けてきたのは農民だ。彼らは常に、農産物を食害する野生動物との攻防を繰り返してきた。柵などを築く防除作戦だけでなく、空砲による追い払いや、藩などが抱えていた猟師に有害動物駆除を委託するなど、さまざまな対策を打ってきた。イノシシやシカなどを捕食するオオカミを祀る神社まであった。当時の農民が、いかに野生動物に悩まされていたかがわかる。

明治に入って、狩猟が自由化されたことにより、野生動物の個体数は急激に減っていく。ちなみに現在は「狩猟鳥獣」(狩猟してもよい鳥獣)が指定されているが、当時は「保護鳥獣」(狩猟してはいけない鳥獣)が指定されていた。その一五種類の保護鳥獣を除けば、自由に狩りができたということだ。

現在は「国際保護鳥」に指定されているトキも、当時は特に珍しいものではなく、普通種として狩猟対象になっていた。東京の不忍池などでも見られたトキが激減するのは、明治期末から昭和初期なのだという。

しかも、トキだけでなく、コウノトリ、ツルなどの大型鳥類、アホウドリ、カワウソ、ラッコ、アザラシ類も同じ時期に激減している。これは日本だけに限らず世界的に野生動物の乱獲がおこなわれていた時期で、世界中で毛皮ブームが起きていた。なかでも、一九世紀後半には女性の羽毛帽子が世界的に大流行し、「マンハッタンで出会った女性の帽子で四〇種類以上の〝バードウォッチング〟ができた」という逸話まであったという。

現在、野生動物は、「野生動物管理」という考え方でとらえられている。前述の三浦によれば、「野生動物管理」とは、「野生動物に関する生態学的知識を結集して巧みに対処する」ことであり、人間との関係でいえば、「生息地や個体群に積極的に関与して、共存できるよう最適な状態に誘導する」ことを意味しているという。

重要なのは、被害の状況や野生動物個体群の動向を常にモニタリングしながら、適正な個体群のサイズに誘導し、共存を図るという考えである。

毛皮が珍重された時代は終わり、ライフスタイルの変化もあろうが、動物のはく製を調度品として飾る家もめったに見かけなくなった。バブル期までは、毛皮は、ファッション、特に女性のそれにおいては豊かさの象徴でもあったが、今では残酷だという理由で毛皮商品の不買運動が起こることもあり、有名ブランドは毛皮を扱わなくなるまでに至っている。

野生動物と人間の関係は、歴史から学ぶことも多い。そして、その関係は、時代によって変化しているのだ。

## 駆除の対象となったカラス

地域や季節によっても変わるだろうが、都会の真ん中でも、地方でも日常的に見かける鳥、カラス。

人間の生活が豊かになるにつれ、「生ごみ」をめぐって、人間とカラスとの攻防は続いている。賢いカラスは、生ごみを荒らして、「おいしい食べ物」を得る知恵をつけた。人間側も、生ごみはポリバケツに入れて、収集時間直前に出して、ネットをかけて……とさまざまな対策を講じているが、いずれも決定打とはなっていない。

一方でカラスは、巣を作るため、人間が使う針金式のハンガーを狙って洗濯物を荒らしもする。もちろん、糞害もある。ベランダにネットを張り、日光を反射するCDを吊るしてあったりするのは、カラス除けのためだろう。それもしばらくは威力を発揮するかもしれないが、すぐにカラスも学習する。いたちごっことはこのことか。

都会にいるカラスのほとんどはハシブトガラスで、間近で見るとかなり大きい。細い道のごみ置き場にカラスがたかっていても、人間のほうが、すみっこを歩いている。実際、怖がっている人間に対しては、通り過ぎる際にわざと羽を広げて見せたりする。本当にカラスは賢いのだ。

しかし、賢さゆえからか、カラスは増えすぎた。早朝のごみ置き場に限らず、道行く人に襲いかかったり、くちばしでつついたりすることもある。

そこで東京都は、二〇〇一年より、都内全域でカラスの数を減らすための広域的な取り組み(トラップによる捕獲・駆除)を実施することになった。カラスの巣の撤去についても、相談に応じている。鳥獣保護管理法によって保護されてきた点はカラスも変わりないのだ

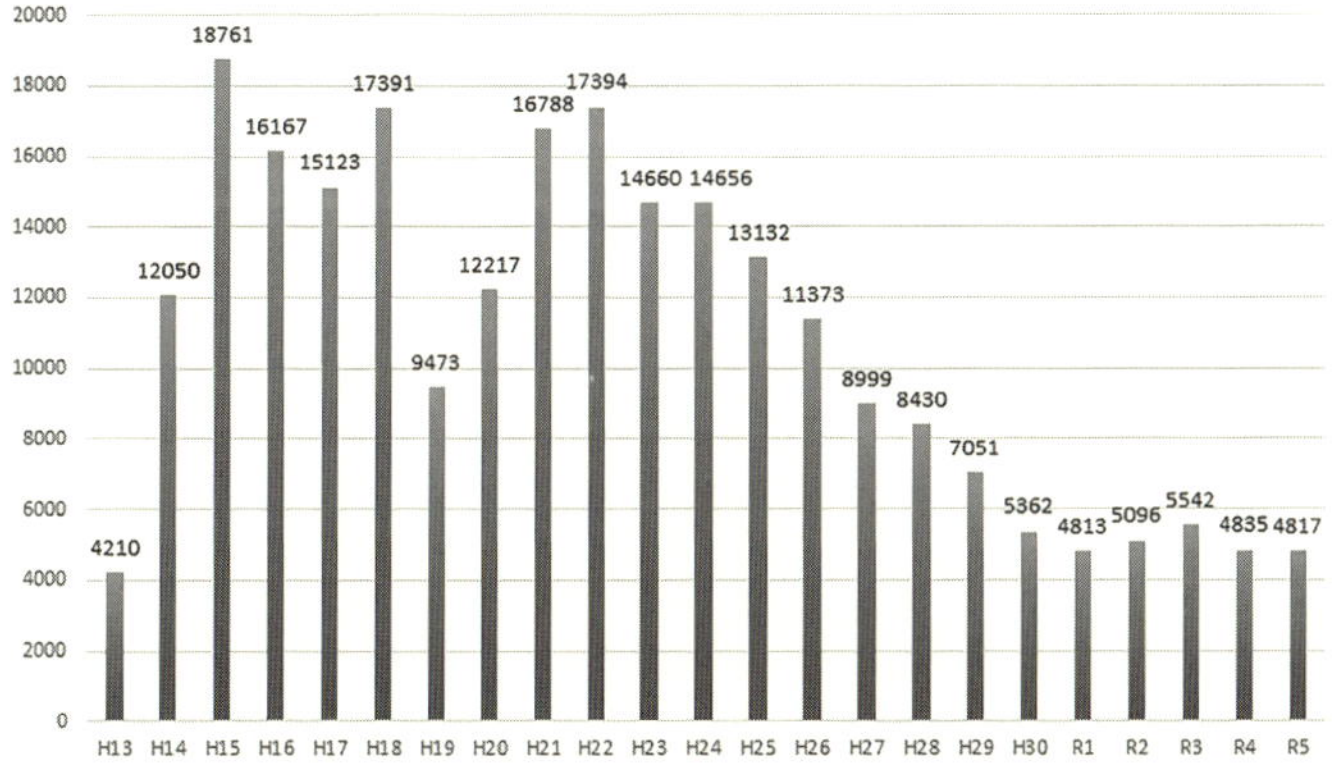


カラスの捕獲数の推移（東京都環境局、2024 年 5 月 27 日版）

が、東京のカラスにとっては受難の時代が到来したのだ。

これを通じてカラスの数は少しずつ減り、ごみ対策などによっても効果が見られるようになってきた。

## 野生動物とどう共存すればいいのか

東京のみならず、都市近郊のマンションに住む人なら、人間とそのペット以外の動物とは無縁の生活だろう。高層階になれば、蚊やコバエ、ゴキブリとも家の中で遭遇することはないかもしれない。

しかし、人口が減っていくなかで、野生動物は密かにその生息域を広げている。高速道路や幹線道路、河川をたどって町なかに出没する動物も増えている。人の手が行き届かない里山も増え、一部の野生動物にとっては暮らしやすい領域が広がっているのだ。

このまま人口が減っていけば、税収も人手も減る。

高速道路や河川脇の緑地帯管理のための予算もままならなくなり、放置される可能性も否定できない。そうなると、こうした緑地帯がうっそうとした緑に覆われ、野生動物にとっては身を隠しながら移動できる格好の道筋となる。実際に、昨今の東北や北陸地方では、そうした道をたどってクマなどの大型哺乳類が町なかに現れることも増えてきているのだ。

町なかに現れるクマは、その環境に慣れていないため、人と出くわすと興奮してパニックとなる。それが人身事故につながる可能性は高い。事実、二〇二一年の六月には札幌の市街地でヒグマが出没し、けが人も出た。

もちろん、町なかにクマが現れれば人間もパニックになるが、その点はクマも変わらないはずだ。つまり、それは「お互い様」なのだ。「棲み分け」さえできれば問題ないと言うのは簡単だが、その棲み分けをどこでどう区切るのかというのは、そう簡単に決められることではない。

実は、東京都心部は皇居や明治神宮など、意外と緑が多い。大きな庭園ばかりでなく、公園や街路樹も一定程度、確保されており、そうした場所に動植物が集まってくる。

ちいさな緑地でも、ガマガエルなどが出没する。そんなカエルを狙っているのかどうかはわからないが、体長二メートルは超えそうなヘビのアオダイショウもいる。ある日、家で原稿を書いていると、近隣の学校の生徒が、「ヘビがいる！　先生を呼んできて！」と叫んでいるのが聞こえてきた。

「東京都心部でもヘビがいる」と言っても、普通は冗談としてしか受け取ってもらえないが、東京・六本木にある国立新美術館には、「ヘビに注意」という張り紙もあった。ちょっと気をつけて見れば、都心部でもさまざまな動物を見かけることはできる。マンションなどで暮らしている人なら、テレビのなかでしか見たことがないヘビの姿に触れれば、おののかされるだろう。

野生動物管理学が専門の江成広斗によれば、野生動物の生息域は拡大し、それに伴って数も増えつつあるという。野生動物が日常のなかに存在しているということを前提に物事を考えなくてはいけない。そのうえで、どこまで対策するのかということを、専門家にゆだねるのではなく、自分事として住民自らが決断していくことが重要だと江成は指摘している。

また、都市部にすむ人たちは「動物はかわいい」と野生動物をペットと同列に見てしまう人と、農家や自分たちの生活を脅かす「害獣」だから「全滅させてしまえ」という人に二極化しているように見えるという。野生動物と直接触れ合うような関わりは危険だということが認知されないどころか、一部には、直接触れ合うことがよいことだという誤解を与えかねないテレビ番組などもある、と警鐘を鳴らす。

マンションなどで都市生活を送っていると、野生動物に関する問題は他人事としか考えられない。野生動物はすぐそこまで生息域を拡大しているのに、野生動物というのはメディアを通して見るものだと感じている。先ほど例に挙げた中高生にしても、間近で見たことがないヘビを目撃すれば、「事件」として先生を呼ぶことになる。

江成は、野生動物に対して、どんなに見た目がかわいかったり、小さかったりしても、感染症のリスクを考え、むやみに近づいたり、素手で触ったりしないよう、注意を呼びかける一方、「野生動物のリスクや実態を知ったうえで、野生動物とポジティブな関係を築くことも重要だ」と指摘している。すべての野生動物を駆除の対象にしないということも肝要だという。そんな江成が、人間とサルとのポジティブな関係について語るなかで例として挙げているのは、ユネスコの世界遺産である白神山地のサルだ。

白神山地のサルは、世界遺産であり、国指定の鳥獣保護区のため、制度上、保護されている。しかし、住民にとっては農作物や町を荒らす「憎い奴」でもある。サル対策の科学技術は進んでいて、サルの接近をかなりの程度まで抑え込むことにも成功しているのだが、そうなると住民のなかには、「近ごろサルが来ないのは張り合いがない」とも思い始める人もいるという。「憎いがかわいいやつでもある」という矛盾した思考だが、こうした思考も、野生動物と共存していくうえでポイントになるというのだ。

そう言われると、私にも思い当たる節がある。

コロナ禍に入り、飲食店が長い間、休業や営業時間短縮を余儀なくされた。二〇二一年に入ってから、東京は半年以上、ほぼ中断もなくそのような状況に置かれていた。六月に入ったある日、ふと気づいた。カラスがいない——。

それまでなら、早朝に町なかを歩くと、ごみを狙うカラスが群がって道をふさいでいたものだ。子育て時期にあたる六月のカラスは狂暴で、ごみ収集場近くを通り抜けようとすると、羽をばたつかせて威嚇していた。それどころか、カラスは、私の背後から飛んできたかと思うと、脚で私の頭をひっかいていった。いたずら好きのカラスにはずいぶん悩まされてきた私にとって、カラスのいない町なかは、実に快適であった。

それ以来しばらくは、早朝、耳を澄ませてみたり、町でカラスがいないかを注意深く観察したりしていたが、カラスの鳴き声さえしなかった。

そのうち、あの鳴き声ももう聞くことがないのかと思うと、ふとさみしい気持ちにもなった。「いやいや、カラスに同情はいらない！」とかぶりを振ってみるものの、何だかカラスの鳴き声を聞いてみたい、という気持ちも心のどこかに芽生えていた。これが江成の言う矛盾する感情か——。「ポジティブな関係」は、カラスとの間でも築けるのだろうか。

そのころ、都心部のカラスが一時的に減少していたことは間違いないと思うが、緊急事態宣言が明け、しばらくすると、飛んでいるカラスの姿を再び見かけるようになった。早朝、鳴き声もする。カラスもそれほど弱くはなかったか、と残念な気持ちと安堵した気持ちが入り混じる。

# 第4章
# 人間に運命をゆだねた家畜たち

## 家畜となることで子孫を残す

動物の家畜化や植物の作物化は、新石器時代に始まったと言われているが、その当時の地球上の人口は約一〇〇〇万人と推測されている。現在の東京都の人口にも満たない数だ。現在の地球の人口は約八〇億人。急速な人口増加は、ほかの動物たちにとっては災難でしかない。新石器時代以降の生物の絶滅率は、それ以前の一〇〇～一〇〇〇倍とも言われている。一方で、家畜化された動物の子孫は、今も生き延びることができている。皮肉にも、人間の家畜となることで、子孫を残すという意味ではプラスだったと言えるのかもしれない。

イヌ科のオオカミがいつ、どこで、どのような過程を経て家畜化が始まったのかについて、まだ決定的な結論は出ていないものの、人類が新石器時代に農耕や牧畜を糸口として定住を始めた以前に家畜化された種で、動物のなかでは家畜化が最も早かったのではないかと考えられている。

家畜化の起源は議論されているところだが、リチャード・C・フランシスは『家畜化という進化』のなかで、次のように述べている。

考古学的な証拠としては、ベルギーのゴイエ洞窟で発見された頭骨に基づくものがあり、放射性炭素年代測定により、人間と密接な関わりをもつようになったオオカミがイヌのような方向に分化し始めたのは三万一七〇〇年前だったことが示された。

犬が人間の生活に入り込んできた起源について確定的なことはわからないが、オオカミの家畜化は、人間の狩猟グループの後を追って、残り物を漁るようになったときから始まっているようだ。つまり、人間がオオカミを家畜化しようと囲ったのではなく、オオカミ自身が人間に近寄ってきたということらしい。

今となっては不思議な気もするが、このようなことを発端として動物を家畜化するというのは、珍しいことではないようだ。

人間の残り物を漁るには、できる限り人間の近くにまで行かなくてはならないし、そこで石を投げられたり、槍で突かれたりしないようにしなければならない。つまり、意外にも、順応性の高いオオカミこそが、野性味の強いオオカミよりも有利に生き残ることができたということだ。これが、オオカミが犬らしくなっていく最初の一歩だったのではないかと言われている。

また、フランシスによれば一万五〇〇〇～一万二〇〇〇年前くらいに、人間の社会は定住傾向が強くなり、犬的オオカミが犬へと変化していったのもそれと足並みを揃えているのではないかと考えられている。

犬は、狩りをする際、優れた嗅覚で獲物を追ったり、番犬として利用されたりしたが、並行してペットとして、食用の肉として、毛皮としてなど、さまざまな場面で重宝されてきた。

多くの家畜の野生原種が消滅の瀬戸際にあるなかで、家畜化された種の子孫は、大型哺乳類全体で見ても、個体数が多い部類に入る。そのような視点から見れば、彼らは家畜化されることで生き延びることができたとも言える。

この例が適当かどうかはわからないが、室内で飼われている猫と野良猫とでは寿命の長さに大きな違いがあるように、彼らは人間に長期間にわたって保護されることで、子孫を残し続けることができたのだとも言えるだろう。

しかしながら、動物の立場に立てばそれは、自らの進化の過程が人間にゆだねられてしまっていることを意味する。家畜化された後の動物たちの変化は劇的であり、人間たちが彼らの進化に大きな影響を及ぼしてきたことがわかる。

## 人間の都合によるかけ合わせ

家畜化されたのは、もちろん犬だけではない。その後、猫、豚、牛、馬、ヒツジや山羊なども家畜化され、食用だけでなく毛皮などにも長く利用されてきた。日本ではなじみは薄いが、トナカイやラクダなども家畜化され、移動距離を飛躍的に伸ばすなどのかたちで、人間の生活を大きく変えてきた。

オオカミから犬へと変化していった例を見てもわかる通り、家畜化といっても、必ずしも人間がある野生動物を力ずくで囲い込み、育て、利用するというかたちで始まったわけではない。そこにはある程度の共生関係も見られる。

イノシシはブタとして進化したが、再び野生化しているケースもある。地域によってはイノブタなど、かけ合わせが進んでいる例もある。

ちなみに家畜としてのブタは、起源がどこであるか定説はないそうで、世界各地でそれぞれの部族などが別個にイノシシを家畜化していった結果だそうだ。

家畜化の過程では、人間による野生動物のかけ合わせもかなり古くからおこなわれてきた。それによって、イノシシとブタを比較すればわかる通り、毛色なども当然、変化していくが、ほかにも形態や骨格、体の大きさの変化などが、種にかかわらずだいたい共通して起こってくるという。

たとえばイノシシの家畜化では、鼻づらが短縮された。耳が垂れることも家畜化における共通の特徴のひとつ。脳の縮小も、こうした家畜化の過程で見られる変化のひとつである。かけ合わせを繰り返していくうちに、家畜化された動物の脳は、祖先の種と比べて小さくなっていく傾向があるという。そしていったん縮小した脳は、その動物が再び野生化して子孫を作っていったとしても、元に戻ることはないらしい。

ただし、この脳の縮小が知能の減退を意味していると考えるのは早急で、縮小のほとんどは、脳において運動のコントロールや感覚の処理をおこなう領域で起こっているという点に興味深いものが感じられる。特に、嗅覚に関する部分が衰えているという。脳のなかでも使わない部分が、どんどん退化していくということなのだろうか。

家畜化に伴うそうした変化は、自然界で起こる変化と比べて格段に速い。

遺伝学者のベリャーエフは家畜化過程を再現する実験をキツネを用いておこなっている。人工繁殖場にいた数千匹のキツネから従順な個体を選び出し、それをかけ合わせていったところ、一三世代目には、尾を振ったり顔をなめたりするコギツネが全体の四九パーセントにまで達していたという。

その間、わずか五〇年というから、その変化を一人の人間が見届けられる年月である。普通のキツネがレストランにいる様子などまず想像できないだろうが、わずか五〇年の間に、レストランでおとなしくしていられるまでに家畜化されたキツネを生み出すことが可能だということだ。

## 無理なかけ合わせの結果

犬は、形質の変化の度合いも著しく、人為選択によって生じた変化のなかには、望ましくないものもある。

それを象徴するのは、一八七四年、ロンドンで初のケネルクラブ（犬種の認定、ドッグショーの開催、犬の飼育の指導などをおこなう団体）が設立されたことを引き金として大幅に加速した犬種の多様化だ。

先述の『家畜化という進化』には、以下のように書かれている。

ドッグショーでコンテストが行われ、既存の犬種タイプのなかでも極端な特徴を示す個体が選出され、表彰されることになった。そのため、極端な特徴をもつものが選択的に育種されるようになったのである。

ドッグショーにおけるそうした競い合いを結果として牽引したのは、ケネルクラブだった。それを指して著者フランシスは、「ケネルクラブの使命は登録によって犬種標準を『維持』することだったが、この点では完全に失敗した」と批判している。コンテストで有利に競わせるために、それまでもおこなってきたかけ合わせなどをさらに加速させる必要があった。その中で、「極端な特徴」をより速やかに際立たせるために、近親交配も繰り返しおこなわれるようになり、結果としてそうした犬たちの間に、ナルコレプシー（日中の過度な眠気、いつもは起きている時間帯に自力で制御できない眠気を繰り返す睡眠障害）や骨格異常などの遺伝性の疾患が、多数見られるようになったというのだ。

こうした傾向は、実は今も続いている。日本のペット事情を見てもよくわかるだろう。人気犬種はよく売れるので、無理な交配が続けられている。

人間のエゴがあまりにも優先されれば、犬をはじめとする特定の動物種そのものの存続を危ういものにしてしまうかもしれない。

## 家畜としてのウマは特別か？

ウマは、家畜化された動物のなかでは最も新しい部類に入る。そして犬と同様、家畜のなかでも人間から特別な「地位」を与えられてきたのがウマである。現在のサラブレッドなどを想像すれば、その気品といい、優雅さといい、納得される人も多いのではないだろうか。

ウマは、騎馬遊牧民に象徴されるように、人間の移動距離を飛躍的に伸ばした。戦や輸送にも重用されてきた。ウマが人間の活動範囲を広げたことにより、経済的な発展やネットワークの拡大も可能になった。

実は、ウマはウマ科の動物のわずかな生き残りであり、奇数本の蹄を持つ哺乳類である奇蹄目というグループ全体のなかでも、現在に至るまで種が絶やされていない貴重な存在である。

ウマを食肉とする文化は現在でもあるが、家畜化される以前の段階では、ウマは狩りの対象であった可能性が高いとされている。それがやがて飼い慣らされ、人間や荷物の運搬などを担うようになっていった。

ちなみに私たちがウマを想像するときには、サラブレッドのように細く長い脚を持つ姿を思い浮かべがちだが、野生のウマは、ずんぐりむっくりとした体形で、脚も太く短かった。日本の在来種といわれるウマも同様だ。

家畜化されたウマのなかでも、ソリや車両を引くいわゆる「輓馬《ばんば》」は、サラブレッドなどとは異なり、頑丈な骨格と太くて短い脚を持ち合わせている。速く走ることよりも脚腰が丈夫であることを求められただろうから、そういう進化のプロセスもうなずける。

その一方で、ウマを魅力的で気品のある動物としてあがめる風習も、欧米を中心に勃興していく。貴族階級である騎士がウマを駆っていたことからもわかるように、ウマは社会的地位の高さを誇示するシンボルとしても珍重されるようになった。

乗馬は現在もオリンピック競技であるし、競馬も各地で盛んである。ロンドンなどでは、乗馬した警官が公道を闊歩している。ニューヨークのセントラルパークの馬車も有名だが、こちらについては、車の排気ガスが多いコンクリートの道をウマに走らせるのは「労働環境が悪い」という反対の声も上がっている。

闘牛に関しては野蛮なものとして非難の声が高まる一方、ウマは別の道を歩みつつある。列車や車など交通機関が発達した今では、交通手段としての利用価値は失われた。けれども乗馬や馬車などを文化として尊重する意識は高まり、ウマの価値はむしろ上がっていると言ってもいい。ウマという動物には、犬とはまた違う意味で、特別な地位が与えられつつある。

ただ、美しく優雅に走ることを求められすぎた結果、サラブレッドは、ほっそりとした脚や小さめの脚に対して体が大きすぎるというアンバランスさを抱え込むことになった。人を乗せて走るにはあまりにも華奢であるため、脚の負傷がかなりの頻度で発生している。優秀なサラブレッドは、速くて美しいサラブレッドを新たに得るために種馬にされるが、競馬やダービーで優秀な成績をおさめたウマが種馬としても成功する確率は、実際には低い。行きすぎた近親交配によって、流産や死産の確率も高くなる。

仮に、そうしたリスクをかいくぐって生き残り、競技に参加できる成馬に育ったとしても、競技に参加できる期間はわずか。成績や血統が優れた馬は、次の世代を引き継ぐ親として生きるが、それもごく一部だ。乗馬施設や生産牧場などでセカンドキャリアを迎える馬もいるが、余生をどうするのかは、基本的に馬主次第。処分される馬もいるだろう。NPO団体などが馬の余生を支援する動きもあるが、十分ではない。

今世紀に入ってウマの全ゲノムが解読されたそうだが、これによって、もっと効率的に勝てるウマを繁殖させようという動きが活発になっている。実際には、複雑な相互作用があり、今のところ、ゲノム解明が即座に「勝ちウマ」を作ることには直結していない。これが幸なのか不幸なのかは、ウマにとっても人間にとってもわからないところである。

一方では、第2章で触れた通り、アニマルウェルフェアという考え方が浸透してきている。それこそ、人間のエゴによって、ウマの進化が著しく歪曲されてきたのであれば、今一度立ち止まり、未来のウマについて考えるべきときがきているように思う。文化としての競馬が今後どのように議論されていくのか、注目すべきところである。

## 鶏肉は物価の優等生だが……

人が食すために大量に飼育される家畜。日本では、「鶏肉・豚肉・牛肉」はその代表格だ。戦後、「肉」は日々の食卓に身近な食材となったが、とりわけ日本人の鶏肉の消費量は、一人あたり年間一三・九キログラム（二〇一九年現在）と肉類のなかでは最も多い。卵に関しても、ＩＥＣ（国際鶏卵委員会）が公表した、二〇二三年の日本人一人あたりの年間鶏卵消費量は三二〇個と世界第四位の消費量になっている。

ニワトリそのものが日本に渡来したのは弥生時代のはじめごろ。『古事記』には「常世の長鳴き鳥」と記されている。古くから、ニワトリの卵を食し、その後、卵を産まなくなったニワトリを食すという文化はあったようだ。

江戸時代には養鶏も盛んになり、当時の日本画にはニワトリを描いたものも少なくない。同じ時代に描かれた日本画でも、トラなどの「珍獣」がいささか実物とは違う風貌で描かれているのに対して、ニワトリは細部にわたってリアルに描かれているのは、当時の日本人にとってそれだけ身近な存在だったからだろう。

明治時代に入ると、本格的な養鶏が進む。江戸時代まで、四足歩行のブタやウシといった動物を家畜として飼い育てる文化があったのは沖縄や九州の一部で、肉食そのものが未知の経験であった日本人も多かったが、ニワトリは日本の文化になじみがあったこと、ニワトリでなくても農民などは鳥を食用に獲っていたことから、ニワトリを食べることに対するハードルは低かったと考えられる。明治以降は、外国種との交配も進んだ。

それでも戦前までは、鶏肉も高級な食材であった。戦後、ブロイラーが出回るようになると、手ごろで安定した食材として多くの食卓にのぼることになる。

農林水産省の二〇二四年畜産統計によれば、ブロイラーの飼養羽数は、約一億四五〇〇万。ブタが約八八〇万頭、肉用牛が約二六七万頭であることを思えば、格段に多い。大きさの違いを考慮に入れても、比較の対象にならないほどだ。低脂肪、高タンパクである鶏肉は、昨今の健康志向とも連動するかたちで、日本における食肉のシェア一位を誇っている。

「ブロイラー」とは、短期間で成鶏に成長するように育種改良された肉用鶏のこと。現在、日本国内に流通する食鶏のなかで、最も多い。食用のニワトリとしてはそのほかに、「廃鶏」（採卵鶏または種鶏を廃用した鶏）、地鶏や孵化後三カ月以上のニワトリなどの「その他肉用鶏」がある。

合理的かつ効率的にニワトリを育て、出荷できるように改良を重ねてきたのが近代という時代である。ブロイラーは超過密飼育だが、今のところこの密度に法的な制限はない。日本では、鶏舎における重量で見た場合、平均は一平方メートルあたり四六・六八キログラムとなっている。ニワトリは三キログラムになると出荷されるので、出荷前は一平方メートルの中に一五～一六羽のニワトリが詰め込まれている計算になる。

ちなみにEUでは上限が決まっており、一平方メートルあたり三三キロと決められている。日本はEUと比較して一・四倍程度の密度の中で育てられているのだ。四六時中明かりをつけてエサをたくさん食べさせられ、病気の蔓延を防ぐためにワクチンや抗菌剤などを投与されている。ちなみに、ブロイラーは、効率のよい育て方なら、生後五〇～七五日以上、すなわち二カ月ほどで出荷することができる。

採卵用のニワトリに関しては、「バタリーケージ」（鳥かごを積み重ねた立体的なニワトリの飼育舎）、「エンリッチドケージ」（ニワトリの生活環境に配慮した規定がある）、「平飼い」（屋内敷地に放し飼い）、「放牧」（屋外にも出入りできる、自然に近い環境）という主に四つの飼育方法がある。日本では、九〇パーセント以上がバタリーケージで育てられている。一羽あたりの面積は、ほとんどが五五〇平方センチメートル以下。二三センチメートル×二三センチメートルと考えると、いかに狭いか想像に難くない。そのなかでニワトリたちは、歩くことも羽を伸ばすこともできないまま、ひたすらエサを食べ、卵を産む。

『アニマルウェルフェアとは何か』（枝廣淳子）によれば、全体の八三・七パーセントの農場は、ニワトリ同士のつつきあいを防ぐために、デビークと呼ばれる処置でヒナのくちばしを焼き切っている。ほかにも、一定期間メスのニワトリにエサを与えずに絶食させ、羽毛の生え換わりを人工的に誘起させる「強制換羽」は、採卵期間を延ばすため、六六パーセントの農場がおこなっている。バタリーケージは実によくできていて、ニワトリが卵を産み落とすと、傾斜のあるケージを通って前方に転がり出るようになっている。一方、足元は金網にしてあり、糞は下に落ちる仕組みだ。だから、卵を糞で汚さずに、容易に取り出すことができる。清潔さを保ちながら効率よく生産するという意味においては、知恵が結集されている方法なのだ。また、くちばしを切っておけば、ケンカが起きてもお互いけがをさせることはないから、けがが原因の感染症や病気も防ぐことができる。

室内飼育は、渡り鳥などからの病気を回避するにも適している。効率を徹底的に重視した技術のうえに、私たちは安定した価格で鶏肉や卵を食べることができている。卵が一〇個二〇〇円から三〇〇円前後で、そして鶏肉が一〇〇グラムあたり一〇〇円から三〇〇円台で買えるのも、生産者の知恵と努力の賜物ではあるのだが――。

EUやアメリカなどの一部ではニワトリの飼育環境に規制がかけられ、そうした規制に沿わずに生産された鶏肉や卵は買わないといった「常識」も浸透しつつあるというが、はたして日本ではどうだろうか。

日本における効率重視の手法のしわ寄せを一気に引き受けるかたちになったのは、ニワトリだ。本来のニワトリとはまったく違う環境で一生を過ごすことを強いられる。

EUやアメリカでは、昨今のアニマルウェルフェアの考え方を日本に先行して取り入れ、そうした飼育法も見直されるようになっている。そして日本もまた、これが適当な言い方かどうかはわからないが、いわば外部からの圧力によって、そうした世界水準に合わせざるをえなくなりつつある。

とはいえ、アニマルウェルフェアを考慮するなら、効率性はある程度、おのずと犠牲にせざるをえなくなる。家畜に配慮した環境を整え、人間に安全な食べ物を供給しようとすれば、コストがかかるうえに、生産できる数量にも制限がかかるということだ。

それでも消費者が、ニワトリの生態を配慮した環境で安全に育てた鶏肉や卵を食べたいと言うのなら、間違いなく高値となるだろう。そうした人間の側の痛み（価格の高騰、安定性の後退）を伴うとしても、改革や変革は必要なのかもしれない。

なお、二〇二〇年には鳥インフルエンザが猛威を振るい、ニワトリの殺処分などがおこなわれた。ひとつの飼育場から発生した場合、全羽が殺処分される場合がほとんどで、いかに外からの侵入を防ぐかがポイントになる。

鳥インフルエンザをはじめとするさまざまな病気からニワトリを守ろうとすれば、室内飼育やワクチン、抗菌剤も必要になるだろう。けれども抗菌剤などを多用すれば、耐性菌（ワクチンなどに対して耐性を持つ菌）も生む。耐性菌だけでなく、ニワトリの体内に薬剤などが残留することも懸念されている。

安価な鶏肉を大量に、かつ安定的に確保しようとする背景にそうしたリスクが潜んでいることも、消費者は忘れてはならない。

## 安定した繁殖を繰り返すブタ

豚肉は、昨今でこそ鶏肉に押されているものの、戦後しばらくは食肉のなかでシェア一位であった。現在は、生産者の中心は小規模の畜産農家となっており、全体としては縮小傾向だが、大規模生産者は増えつつある。自給率としては約五〇パーセント。近年はほぼ横ばいが続いている。

ブタの寿命はだいたい一〇～一五年と言われているが、食卓にのぼるブタは生後半年強ほど。ジェイエイ北九州くみあい飼料株式会社（現・JA全農くみあい飼料株式会社）ホームページの「親子で学ぶちくさん」というコーナーには、「豚は肉を生産するために飼われている動物です。したがって養豚場では、子豚を多く産ませて、早く大きくなるように肥育することを目標としています」と記されている。

生後八カ月くらいで交配を始め、妊娠期間は平均して一一四日間。一度に一〇頭ほど生む。二〇～二五日ほどの授乳期間を経て、約一週間で再び発情を迎え、交配、妊娠、分娩を繰り返す。

母親ブタは、一生涯を「妊娠ストール」と呼ばれる鉄の檻の中で過ごす。方向転換はもちろん、首も自由に動かせないほどの狭いスペースだという。二〇一四年に畜産技術協会が全国の豚飼養農家を対象におこなった「豚の飼養実態アンケート調査報告書」によれば、これを八八・六％の農家が使用している。

一方、子ブタについては、犬歯の切除、尾の切除（他のブタを傷つけないため）がおこなわれる。また、オスには、オス臭を防ぎ、性行動を弱めることを目的に外科的去勢が麻酔なしに施されることが多い。去勢に関しては、ほとんどの農家がおこなっている。歯切りや尾の切除をやめても生産性に大きな支障は出ない、という指摘も一部の専門家からは出されているが、慣習というものはなかなか改まらないらしい。

欧米の一部地域では、程度の差こそあれ、このような状態でのブタの飼育が禁止されている。特に妊娠ストールは、世界的に禁止の方向に進んでいる。企業も動き出し、前述のような条件で育ったブタを使用しないと宣言するところも増えている。

また、豚熱（旧称：豚コレラ）やASF（アフリカ豚熱）などの感染症への対策は、日本に限らず、世界的にも重要課題である。豚熱による被害は、最近、日本でも発生している。ASFについては、日本は今のところ「清浄国」とみなされているものの、二〇〇七年にはアフリカからヨーロッパ各国に広がり、二〇一八年には中国の農場で、二〇一九年にはおとなり韓国の農場でもASF発生が確認されている。その後、アジアを中心に拡大を続けていることから言っても、日本でも予断を許さない状況である。

過密状態で飼育している場合、その内部でひとたび感染症が発生すればひとたまりもない。先に述べたように、ブタに関して日本では昨今、大規模飼育に転換されつつあるのでなおのこと、こうしたリスクに対する対応は急務になっている。

もともとブタはイノシシを家畜化したものだが、皮肉にもと言うべきか、現在、感染症に関していえば、ブタの最大の敵は野生のイノシシだ。ASFなどに感染した野生のイノシシが、ウイルスをまき散らす場合があるからだ。

ASFは、ASFウイルスがブタやイノシシに感染することによって発生する致死率の高い伝染病であり、発熱や全身の出血性病変を特徴とする。ダニによる媒介や、感染した動物との直接的な接触によって、感染が拡大していく。

現在、人がその媒介者とならないように、豚舎への出入りに関しても清浄や消毒が徹底されるのに加えて、野生動物対策（イノシシ、ネズミなどの侵入や、これらの動物に付着しているダニの侵入、排泄物の混入等を防止すること）も厳重におこなわれているが、完全に防ぐことが可能かどうかは微妙だ。

消費者は、「できるだけきれいな環境で、ブタの負担も少ないところで、生産者の安全も確保したうえで、安価でおいしい豚肉を買いたい」と思っているだろうが、日本では、環境が劣悪な養豚場で生産されている豚肉は買わない、といった不買運動は盛り上がっていない。それ以前に、消費者の多くは、そもそもどのような飼育環境なのかを知ろうともしていないのではないだろうか。

## 家畜としての新参者——牛の場合

全国肉用牛振興基金協会（NBAFA）によると、ウシは、弥生式文化期のはじめに大陸から朝鮮半島を経て九州に伝播、当時のウシは地方豪族の権力誇示や農耕用として利用され、食用とは考えられていなかったとある［「肉用牛の歴史（明治以前）」全国肉用牛振興基金協会)」。

それは時代がかなり下っても同様で、ごく一部を除いては、牛肉を食すことはなかったようだ。明治維新以降、近代化が推進されるなかで、牛肉はようやく一般的に食材として利用されるようになり、品種改良を重ねて現在に至っている。

日本では食用のウシの歴史は短いが、現在では、霜降り牛肉など、世界でも認められるような絶品の牛肉を生産できるようになっている。

肉牛は主として「肉専用種」「乳用種」「交雑種」の三種に分けられている。「乳用種」は酪農の副産物である雄ウシ、「交雑種」は乳用種の雌ウシと肉専用種の雄ウシを交配して生産されるウシで、乳用種よりも脂肪交雑(サシ)が入りやすい。

国内和牛のほとんどが黒毛和牛だ。和牛は値段が高く、格づけや等級などがあることを知っている人も多いだろう。牛肉の改良研究は現在も盛んにおこなわれている。ただし、和牛は高価なため、国内の市場に出回っている牛肉としては安価な輸入肉が多く、自給率も五〇パーセントを切っている。

ウシといえば「放牧」をイメージしがちだが、日本では、放牧はほとんどおこなわれていない。二〇二四年の農林水産省「公共牧場・放牧をめぐる情勢」によれば、二〇二三年の放牧頭数は、乳用牛(酪農)では、全国の飼養頭数の約一七パーセントの二二・九万頭、肉用牛(繁殖)では、全国の約一四パーセントの九・〇万頭にとどまっている。多くは、ストールと呼ばれる区画にウシを一頭ずつつないで飼う「つなぎ飼い」と呼ばれる方法がとられている。ちなみにストールの面積は、一・八〜二・二平方メートル程度。ウシたちは、食べるときも、排泄するときも、寝るときも、ここで一日を過ごす。狭い環境のなかでは、蹄が化膿するなどの蹄病《ていびょう》が起こりやすくなるだけでなく、体勢を変えることも困難なため、関節に炎症を起こしやすい。もちろんストレスもかかる。

にもかかわらず、放牧が進まない理由としては、酪農に関していえば、搾乳のために毎日移動が必要になること、食べる草の成分によって乳が影響を受けることなどが挙げられる。食用、乳用両者に共通する問題としては、ウシの衛生管理（ダニや寄生虫、アブなどの忌避）の徹底や、周辺地域や周辺動物などとの距離の保ち方が困難になることなどが懸念材料とされている。

一方、放牧は、飼料生産やエサやり、排泄物処理の作業が不要になることから、コストや人間側の労力を削減できるというメリットがある。また、日本では、人口減少時代に入って増加傾向にある遊休農地を有効活用する方策のひとつとして、自治体によって放牧が推奨されている場合もある。

ウシに限らず、動物の飼料は多くを輸入に頼っている。昨今、世界情勢が著しく変化するなか、飼料を安定的に確保することができず、生産者がエサの不足に悩まされているといったニュースを見聞きした人もいるだろう。

国産のウシ、ブタ、ニワトリといっても、飼料を含めて純国産と呼べる食肉は極めて少ないのが実情だ。たとえば、牛乳の自給率は高くても、それを生産するための飼料は輸入に頼っている。放牧のメリットは、エサの自給率を上げることにもあるのではないだろうか。

乳用に関しては、昨今、牛乳離れが進んでいるとも言われ、「牛乳を飲みましょう」といった宣伝や呼びかけが、農協や時には農林水産省からも発されている。人口減を見込んだ減産型の計画生産がおこなわれても、牛が育つまでに三年ほどかかるため、その間に需要が変化してしまうこともある。また、牛の乳の出がよい春先が学校の春休みと重なるため、牛乳が余りがちになる。乳業メーカーなどは、この時期に一部をバターやチーズなどを多めに生産し、有効活用に努めているが、コロナ禍で突如、学校給食が休止になるなど、思わぬ事態も起こる。実に需要と供給のバランスが難しい。

牛乳を飲むとおなかがゴロゴロする、という日本人は多い。牛乳に含まれている乳糖を分解する酵素がないか、働きが弱いために起こる症状だが、もともと日本人には乳糖を分解する酵素がない人が多い。こうした症状は「乳糖不耐症」と呼ばれている。人種によっても差があるが、加齢によっても酵素の働きは低下する。現在、日本が超少子高齢化のさなかにあることを考えても、牛乳の消費が減少傾向になるのは必然なのかもしれない。

一方、カルシウムを効率よく摂れるという理由で牛乳が推奨されることも多い。余談ながら、先の乳糖不耐症の人でも、牛乳を発酵させたヨーグルトなどの乳製品では、下痢等の症状を伴わないことが多いそうだ。健康意識の高まりとも相まって、乳酸菌製品をめぐっては熾烈な企業間競争が繰り広げられている。今後は、牛乳の使い道についても構図が大きく変化していくかもしれない。

## 屠殺と殺処分

一般の人が、家畜動物を屠殺《とさつ》する現場を見ることはまずない。そもそも、何の資格もない人が勝手に動物を殺して食べたりすることは許されていない。たとえ自家消費であっても、厚生労働省が定めた「野生鳥獣肉の衛生管理に関する指針(ガイドライン)」に従う必要がある。また、最近はジビエ(野生動物を獲って肉を食べること)が流行しているが、一般流通させるには、許可を受けた食肉処理施設で解体・処理をしなくてはならない。

そうした現場については、できれば見たくない、知りたくないと思っている人が多いだろう。

屠殺に関していえば、ウシは、現在はノッキングガンと呼ばれる銃で瞬時に意識を失わせる方法がとられている。ブタは頭部に電気を流すことによる気絶処理が一般的だ。ニワトリの場合は、炭酸ガスにさらされて気絶させられたのち、逆さ吊りにされる。

家畜動物が、重篤な感染症などに罹患して、殺処分されることもある。たとえば、鳥インフルエンザに罹患した鶏舎のニワトリを処分するときは、ポリバケツにニワトリを入れ、ふたを閉めて炭酸ガスを注入する。その後、焼却処分する。

一度に何十万羽という数のニワトリが処分対象となり、その大半は感染していないニワトリであるため、ポリバケツに入れられた際に激しく抵抗して暴れたり、鳴き声を上げたりするという。ニワトリにとっても不幸だが、殺処分する職員の抱えるストレスも尋常ではない。

鶏舎はかなりずさんな管理をしているところもあるようだが、清潔な環境を保っていたとしても、こうした処分を免れない場合があるというから、現実は残酷だ。望ましいのは、このような殺処分それ自体がなくなることだが、外部からのウイルス侵入を完全に防ぐことは難しい。

屠殺に関していえば、動物の負担を少しでも減らすため、世界各国で研究が進められている。屠殺の現場だけでなく、家畜動物の移送時の環境についても改善すべきだという声が、最近では上がるようになっている。

アニマルウェルフェアの考え方については別の章に譲るが、畜産業においても、動物の視点での改善が求められているのは間違いない。動物が持つ生理的な行動要求というものに沿った飼い方をすることは、「食の安全」とも無関係ではない。たとえば、過密飼育にならなければ、感染症防止のために抗菌剤やワクチンを多用しなくて済むかもしれない。

ＥＵなどでは、アニマルウェルフェアの考え方に基づいた飼育基準を設け、この基準を遵守して生産された製品に「認証ラベル」の表示を認めることで、消費者が食肉を選ぶ際のひとつの基準としてもらおうという動きがある。

こうした動きは、消費者にとっても選ぶ基準となる一方で、生産者側にとってのモチベーションの向上にもつながっていく可能性はある。

# 第5章　ジレンマに立つ実験動物

## 実験に使用される動物たち

人間が育て、そして、人間の手によって殺《あや》められるのは、家畜だけではない。動物実験に使用される動物たちもまた、人間の手によって育てられ、実験に使用され、時には「処分」される。

第4章で述べた通り、現在の食肉処理場では、動物たちの苦しみを少しでも軽減するよう、手法の改善が進められているが、動物実験の動物たちは、実験の内容によっては長時間、苦痛にさらされることになる。EUなどでは、化粧品開発に動物実験を利用することは禁止され、今後はその潮流が世界的にも広がっていく可能性はあるが、動物実験が全面的に禁止される運びになることは、少なくとも現段階では考えにくい。

新型コロナウイルスが発生し、世界各国でワクチンや新薬の開発が進められている。もちろんそこでも、多くの動物たちが実験に使用されているだろう。そして多くの人は、そのことに違和感を覚えるどころか、動物実験を経て信頼性が保証されているからこそ、ワクチン、あるいは新薬を試してみようという気持ちになるのではないだろうか。

実験動物用の動物を飼育する会社がある。均質に条件を整えた動物でなければ、実験には適さないだろうから、そうした条件を満たす動物をいつでも用意できる会社が存在するのもよく考えれば当たり前のことなのだが、私はそのような世界を知らないで生きてきた。テレビなどで、「○○を与えたネズミとそうでないネズミを比較してみました」といった実験データが流されることがある。そういうかたちでデータを提示されれば、その差も一目瞭然で、なるほど、と納得させられる。けれども、視聴者のほとんどは、そのネズミたちがその後どうなったのかという運命に関心を向けることはないだろう。

かといって、新薬開発において、動物実験なしで、いきなり人体による治験から始めることになったとしたら、現段階ではなかなか受け入れられないに違いない。

しかしながら、風向きは少し変化している。先にも記したように、ヨーロッパでは、化粧品開発のための動物実験は廃止する動きが見られるようになっている。それに応じて、ほかの目的であったとしても、動物を実験に使用すること自体のハードルが高くなっていく可能性はある。

一方、薬害を避けるためには、薬の認可には慎重であるべきだという考え方がある。動物実験に対する規制が厳しくなれば、新薬の開発に遅れや困難が生じるケースも出てくるだろう。新薬を待望する患者にとってはそれが死活問題となることを思えば、動物実験は、ベストな選択ではなくても、避けては通れない道なのかもしれない。

## 動物実験の歴史を振り返ると

そもそも、動物実験とはいつごろ始まったのだろうか。

『動物観と表象』の「実験動物の倫理―実験動物医学の立場から」(松田久幸)によれば、古代エジプトやバビロニアの時代には、病気は超自然的現象ととらえられていたが、古代ギリシャ時代になるとすでに、病気を科学的にとらえたうえでの治療が始められている。ヒポクラテス(紀元前四六〇年ごろ~三七五年ごろ)やアリストテレス(紀元前三八四~三二二)には、解剖学的な知識や、人間の臓器などについての知識もあったようだ。紀元前三〇〇年ごろにはエジプトでギリシャ医学の流れをくむ医学校が開校し、そこで解剖学と生理学を研究していたエラシストラトスが、ブタを使った実験で肺が呼吸器であることを確認したが、これが生きた動物を実験に使用した最初の例だとされている。

ところが中世ヨーロッパのキリスト教圏では、「病気は神罰」という考え方が主流になる。病気を治すには神に祈りをささげる、というギリシャ以前の呪術師が活躍した時代に後退してしまう。神聖な体を解剖することは神の教えに反すること、と人体はもちろん、動物の解剖も許されなくなってしまった。

医学の進歩という点では後退したが、そのぶん、実験に使われることもなくなって、動物にとってはより望ましい環境になったのか、というとそうではない。当時のヨーロッパでは、魂を持つ存在は人間だけと考えられるようになっていた。一三世紀のイタリアの神学者トマス・アクィナスも『神学大全』のなかで、「殺しても、その他どんな方法によってでも人間は動物を自由に利用することができる」と記している(『動物観と表象』より)。

近世に入ると、自然科学的な知見に基づく医学はアラビアからヨーロッパに逆輸入されるかたちで広まり、動物を用いた解剖がおこなわれるようになっていく。そして産業革命以降、さまざまな産業がまさに革命的に進化していくが、それと連動して、動物実験を用いた医学もすさまじい勢いで進化していった。

アスピリンや抗菌剤など、現在でも多くの人が恩恵にあずかる薬品の開発の陰では、多くの動物実験がおこなわれていた。動物実験が果たした最大の貢献は感染症の克服と言われているが、炭疽菌《たんそきん》や結核菌はマウスやウサギなどを用いた動物実験によって発見された。

一九世紀フランスの生化学者・細菌学者のパスツール(一八二二~九五年)は、ニワトリを用いて家禽コレラワクチン、ウサギを用いて狂犬病ワクチンを開発している。

ちなみにパスツールは、狂犬病ウイルスをサルやウサギに接種するにはかなりの躊躇を覚えたというが、同じくフランスの生理学者クロード・ベルナール(一八一三~一八七八年)は、自身の著書『実験医学序説』で以下のように記している。

人間にはヒトを用いて実験する権利はないが、動物を用いて実験する権利はある。動物にとって苦痛であろうとも人間にとって有益である限り、動物実験は、あくまで道徳にかなっている。生物現象を分析するためには、生体解剖によって行わなければならない。

（『動物観と表象』より）

人々に脅威をもたらしてきた感染症などは、このような歴史をたどり、多くの動物実験によって克服されてきた。

こうして実験動物の需要も増えていったが、近代に入ると、一方で少し風向きも変わってくる。イギリスで一八二四年に動物虐待防止協会が設立され、その後、一八七六年に「動物虐待防止法」が制定される。それから一世紀以上が過ぎた一九六〇年代に入ると、アメリカでは、「実験動物福祉法」が成立する（一九七〇年に改正され、「動物福祉法」（ＡＷＡ）に名称変換）。

現在、アメリカでは、農務省が監督する「動物福祉法」と、公衆衛生総局が監督する「ＰＨＳの方針（実験動物の人道的管理及び使用に関する方針）」により、実験動物の適正な管理と使用をおこなうことが求められている。また、ＥＵでは、「実験あるいは他の科学的目的に使用される脊椎動物の保護に関する指令」を自国の法律に取り入れることが義務づけられている。

ちなみに日本では、一九七三年に、世界各国からの世論に押されるかたちで、「動物の愛護及び管理に関する法律」（現行のいわゆる動物愛護管理法）が初めて制定されている。一九八〇年になると、「実験動物の飼養及び保管等に関する基準」が制定される。続いて一九八七年、文部省（当時）から「大学等における動物実験について」という通知が出され、それを受けるかたちで、大学研究機関は「動物実験における国際原則3R」を取り入れた「動物実験指針」を制定している。

なお、動物実験における国際原則3Rとは、「できる限り動物を供する方法に代わり得るものを利用する代替法の活用」（Replacement）、「できる限りその利用に供される動物の数を少なくする使用数の減少」（Reduction）、「その利用に必要な限度において、できる限りその動物に苦痛を与えない方法による苦痛の軽減」（Refinement）を意味している。

## ジレンマを抱えながら

動物実験をめぐる問題は、実に難しい。人類が受ける利益の大きさを考えれば、多少の犠牲はやむをえないとは言えない。だからといって動物実験はすべて悪であるとも言い切れない。

そして、実験動物に関する考え方は、当然のことながら、時代や地域、宗教や習慣によって異なる。

動物観には、背景となる文化が大きく影響している。いささか乱暴な言い方ではあるが、キリスト教は人間をほかの動物より一段上の存在として特別視してきたが、仏教は生き物すべてが尊重されるものであり、不殺生をよしとしてきた。根本的な考え方が違う。

宗教以外の文化の違いもあれば、地域差もある。たとえば日本国内だけで見ても、けっして広い国土とは言えないながら、北海道と沖縄とでは気候がまるで違うように、土地によって気候も文化もそれぞれ異なっている。

動物に対する考え方の違いは、そこからも発生する。理屈だけで判断しようとしても、これはなかなか難しい。

さらに言うなら、日本には、仏教だけでなく、人間以外のあらゆる事物に霊魂や精霊の存在を認めてそれを信仰するアニミズム的な考え方も混じっている。

明治維新で西洋の文化が流入し、動物に対する考え方もずいぶん変化したが、それは表層的なものであって、根底にあるものを取り払うには至っていないように思う。

ゆるやかに地域で共生していた犬や猫が、親密な「家族」となった。狩りの対象であった鳥や動物は囲いの中で大量に飼育されるようになり、漁の対象であった魚も一部は養殖されている。これは欧米の合理的な思考やそれに基づく文化・風習を、日本人が積極的に取り入れた結果のひとつだろう。

しかし、日本人の多くは、そうした欧米の考え方を理解しつつも、アニミズム的な考えも併せ持っている。

命に対する「畏れ」。これを日本人の多くが抱えているように思う。

ペットが理不尽な死を遂げることがないように願うのは、愛するがゆえであることは間違いないが、ペットを捨てたり死なせたりしたら「罰があたる」、あるいは「祟りがある」かもしれない、という考え方を、日本人は心のどこかに持っているのではないだろうか。

## 動物のための慰霊祭

大学などの研究機関には、実験動物たちの慰霊碑がある。時には慰霊祭などもおこなわれる。これは動物園などにもあるし、鳥インフルエンザや豚コレラなどで殺処分された動物たちについても、慰霊祭などがおこなわれるケースがある。人と動物の関係について研究する依田賢太郎によれば、これらはキリスト教圏やイスラム教圏にはない文化で、日本を含めた東アジアにしかないという。

万物に魂が宿るという考え方を意識しているかどうかはともかくとして、人間の都合によって失われた命に対して、まさに「鎮魂」の思いで慰霊しているのだ。この行為は、日本人である私にとっては実に理解しやすいことなのだが、世界の人たちはどのように見ているのだろうか。

実験動物などのために慰霊碑を建てたり慰霊祭をおこなったりするのは、日本を含む東アジア独特の文化だと知った。そこで、私は、アメリカ在住の知人に連絡をとってみた。知人は、実験動物などを扱うこともある研究所に勤務する科学者である。彼の研究所には慰霊碑の類はないとのことだったが、返信のメールにはある論文が添付されていた。

それによると、アメリカ国立衛生研究所（ＮＩＨ）には実験動物の慰霊碑があり、慰霊祭のようなイベントをおこなったとある。動物を慰霊する風習は、日本では古くからおこなわれているとも書かれているようだった。日本のその風習について聞き知ったうえでのことかどうかは不明ながら、知人によれば、知識層を中心に、このような考え方に理解を示す人も増えているという。

日本の文化に共感してそれを取り入れたとしても、キリスト教を背景とする人たちが感じる命に対する「慈しみ」と、日本人が感じる「畏れ」は似て非なるもの、と思うのは考えすぎだろうか。

世界は狭くなり、環境問題をはじめ、動物をめぐる問題（生物多様性の問題や感染症など）は、地球規模で考えていかなければならない時代になっている。

環境文化研究家の名本光男は、「自然保護・環境保全は、自然や動物の徹底的な管理によってのみ可能であると長らく考えられてきたが、相変わらず地球環境は悪化の一途を辿っている。そのような中で、人間も自然の一部であるという考え方もされるようになってきている。今も主流は前者であるものの、環境や時代によってその捉えられ方も少し変化が見られる」という。

先の知人の科学者によれば、キリスト教の文化を背景に持つ人々のなかには、キリスト教的な考えだけでは限界があり、「地球環境や動物」は人間がコントロールできるものではない、ということに気づき始め、仏教的な調和の考え方に興味を持ち始めている人もいるという。

## ブタの心臓を人間に移植

二〇二二年一月、アメリカでブタの心臓が人間に移植された、というニュースが流れてきた。

一九九七年、日本で臓器移植法が制定された。臓器は脳死の人からも移植可能となったが、そのころは、「脳死は人の死か否か」という問いをめぐって世論が揺れていた。私は当時、この件をめぐってある医師を取材している。インタビューを終えてから、その医師は言った。「臓器移植は過渡期医療。そのうちブタの心臓でも移植できるようになる」と。

その話はあまりにも衝撃的だったので、よく覚えている。ブタの心臓が人間の体に適合できるのかという科学的な疑問だけでなく、ブタの心臓なら倫理的に問題はないのかという思いもあった。といっても、そのときは、まさかという驚きのほうが大きかったし、医師も具体的な情報を持っていたかどうかは不明だ。

それから約一〇年後の二〇一一年、鹿児島大学の山田和彦は、「異種移植はここまできている」と題した論文（第三七回日本臓器保存生物医学会定期学術集会におけるランチョンセミナーをもとに書き下ろしたもの）を発表している。

山田はそこで、この一〇年で異種移植成績は飛躍的に向上したと指摘、ブタ臓器をヒヒまたはサルに異種移植するという「大動物」を対象とする実験で、腎臓では三カ月、すい臓では五カ月という成果が出ている（その期間、移植された臓器が機能したということ）と述べている。

さらに山田は、「ブタは異種移植のドナーとしての位置は確立している」としたうえで、以下のように続けている。

実験動物としてブタは非常に大事な位置にある。それは、ブタは大動物でありながら、飼育が比較的容易であり、かつ、その繁殖周期・多胎などの点から、遺伝子導入や計画繁殖が可能という大きな利点があるからである。

当時からブタは、さまざまな観点から有用な実験動物として、あるいは臓器のドナーとしての役割を担っていたことになる。

臓器移植法が施行されたころは、少なくとも一般の人々は、「ブタの心臓を人間に移植する」という発想にになど、まるで想像が及ばなかっただろう。山田がこの論文を発表したころから、それがにわかに現実味を帯びてきていたのだ。

移植手術は、今後、どのような足跡をたどっていくのか——。

## クローン技術はここまで進んでいる

クローン技術が開発されると、二〇〇四年には明治大学の長嶋比呂志教授と財団法人日本生物科学研究所の共同研究グループは、クローンブタの量産に乗り出し、成果を出している。また、明治大学農学部生命科学科発生工学研究室のホームページには、メディアで紹介された記事が掲載されている。それによると、二〇〇七年の日経産業新聞には、明治大学と筑波大学などの研究チームが、サンゴ遺伝子を組み込むクローンブタの作製に成功したことが紹介されている。

記事は、サンゴ遺伝子の性質を利用して肝臓組織などを光らせ、識別を容易にする技術などに言及したうえで、こう結ばれている。

ブタの臓器・組織の形や機能は人とよく似ており、将来的にはドナー不足が深刻な移植の材料になるとも言われている。クローンブタだと、拒絶反応の出にくい臓器や組織を作ることもでき、再生医療にも有望。ブタを光らせる技術は、移植後、臓器や組織がきちんと機能しているか調べる研究に役立つ。

すでに何世代にも及んで作られているクローンブタは、遺伝子データがまったく同じであるため、医学データが取りやすく、医療開発の場面で利用する価値が高いと期待されている。

臓器移植を待つ患者は多くいるものの、臓器不足のために移植はなかなか進まずにいる。待っている間に病状が悪化し、命を落とす人もいる。ブタの心臓移植のニュースが流されたとき、まさに臓器移植を待つという人がインタビューされていた。「人の臓器をいただくということは、どこかに申し訳ないという気持ちがあります。もちろん、ブタさんにもあるのですが、少し心が軽く感じます」と話していた。私は、臓器移植は、ドナーを待つ患者やドナー家族、医療従事者の精神的負担があまりに大きいと感じていた。だから、このコメントを聞いたとき、正直「少し心が軽くなる」という言葉には共感した。だが、

「少し」だ。すっきりとはしない。

動物実験の在り方が問われる時代だが、一方で、人間のための動物利用は続いている。「ブタの心臓を使うのは過渡期医療」と言われる時代も、いつかやってくるのだろうか。

# 第6章　避けて通れぬ自然災害と動物

## 東日本大震災をきっかけに

今や、日本全国どこにいても、災害に巻き込まれる可能性は高い。「災害時にペットはどうするのか」という問題は、ペットを飼う人たちの間では時々話題にのぼる。

東日本大震災の際、多くのペットが置き去りにされた。原発事故のあった福島では、余震が落ち着いても、放射能の拡散によって汚染され、戻ることもできなくなった地域があった。着の身着のままで逃げてきた住民のペットたちの多くは、現場に取り残された。その後、犬や猫の一部は、各地から集まったボランティアたちによって保護されたが、飼い主が避難所生活のため、元の飼い主のもとに戻れないケースもあった。

福島原発事故後、多くの犬猫を預かってきた福島のNPO法人SORAアニマルシェルター代表の二階堂利枝さんは、災害とペットについてこう語った。

ペットを死ぬまで責任をもって面倒をみるという考えは、多くの人に浸透していると思います。ただ、日本が、これだけ多くの災害に見舞われることを考えると、そこも想定して飼ってほしいと思います。実際に災害が起きた時、どうやって一緒に逃げるのか、避難先でペットはどうするのか。自分が被災し、飼えなくなったときは誰に託すのかということまでを想定してほしい。今、飼っている人はもちろんですが、これから飼いたいと思っている人も、ぜひそこまで考えてから飼うようにしてほしいと思います。

（『望星』二〇二〇年九月号特集「どうぶつの町」より）

原発事故直後は、犬五〇四、猫も五〇四匹近くまでSORAに保護されていた。その後、犬猫たちは飼い主のもとに戻されたり、里親に引き取られたりしたが、半数近くは引き取り手がないままSORAで過ごし、すでに息を引き取った犬猫もいる。飼い主自身の生活が再建されなければ、引き取りたくても引き取れないケースもある。

福島・郡山市でペット専門のフリーペーパー『うちの仔』の編集を手掛ける郷田みほさんに、震災直後から現在に至るまでの福島における、ペットとしての犬猫の様子を聞いてみた。

「何百にも及ぶ犬や猫が置き去りにされていました。それでも、飼い主やボランティアを中心に保護に努め、時には防護服を身に着けて避難地域に入って、野生化したペットを探し出しました。すべてとは言えませんが、犬と猫に関してはほとんどが保護されたと思います。ただ、ウサギや鳥などに至っては、その後を追い切れていません」（前掲誌より）

災害時にペットをどうするか、ということは、他人事ではない。今も、全国各地で地震や洪水などの被害が発生し、同様のケースが生まれている。

郷田さんによると、地域によっては、ペット専用の避難場所を設けるところもあるという。

「ペットに対する災害時のマニュアルはあっても、3・11の時は、被害が大きすぎ、対策が追い付かず、トラブルも発生、同行避難の難しさが露呈しました。けれども、行政も飼い主も、これによって多くのことを学びました。今後につながっていくと感じています」（前掲誌より）

## ペットと同行避難という原則

行政は、災害の際は同行避難を、と呼びかけてはいるものの、避難先で飼い主とペットが一緒に過ごせるスペースを確保することは、今のところ難しい。すべての地域でペット専用の避難所が設けられているわけではないし、大型犬や複数の犬猫を飼っている場合は、いっそう居場所に困るだろう。動物に対するアレルギーがある人や動物が苦手な人に対して、どのくらいの距離が保てるのかという課題も残る。

環境省は、「ペットも守ろう！防災対策」というパンフレットを作成している。普段からの健康管理や防災意識への注意喚起はもちろん、避難場所などの情報収集、家族での話し合いやご近所との連携、迷子札やマイクロチップの装着、避難場所での過ごし方やしつけ方法など、注意点が事細かに記されている。チェックシートもあるので、今、ペットを飼っている人、これからペットを飼おうと思っている人は、ぜひ目を通してほしい。

一刻を争う避難の場合、ペットを残して避難したとしても、マイクロチップはその後を追うひとつの手掛かりにはなるだろう。東日本大震災のような大きな災害が再び起こらないとも限らない。できる限りの対策とシミュレーションは必要だ。

ペットを飼っている人に災害時の避難について心得を聞いてみると、「ペットがいると迷惑がかかるから、自分は在宅避難を選ぶ」と言う人がいる。もちろん、住んでいる地域や建物によっては、それもひとつの選択肢だろう。都心部のマンションなどでは、ペットの有無にかかわらず「在宅避難」が基本と言われているところもある。ただし、「危険が迫ればペットと同行避難する」と答えた人でも、実際の準備ができているかと問われると、できていない人が多い。

環境省では、在宅避難では危険だと判断した場合はためらわずに「同行避難」と呼びかけているが、ペットの避難場所が確保されているかについては、自治体によってばらつきがある。

地区の防災訓練などでも、ペットとどのように逃げるのかを想定したうえで訓練に参加したほうがいいのではないだろうか。犬や猫も、そのような状況を事前に体験しておくことで、現実の避難場所での環境にも慣れておくほうがよい。

環境省は、避難先で静かに落ち着いて過ごせるようにペットをしつけておくことも求めているが、そのような緊急事態であれば、人間でも平静を保つことは難しいのだから、犬や猫にまでそれを求めることには無理が感じられる。その意味でも、擬似的な状況を実際に何度も体験しておく機会は大切だ。

## 避難先でペットと過ごせるのか

また、ペットを飼っていない人や動物が苦手な人についても、避難所におけるペット等の在り方について率直な意見を求めたり、アンケートをとったりする必要はあるだろう。実際に被災した人々のなかには、「犬などを飼っているから」という理由で車中避難をする人もいるが、今はペットも人間も高齢化が進んでいる。車中での長期避難生活では、健康を害する人もいるだろう。とはいえ、他人が飼っているペットと同じ避難所で過ごすことに衛生面から嫌悪感を示す人もいるだろうし、深刻なアレルギーを抱えている人もいる。非日常のなかで、皆に冷静な判断ができるとは限らない。

在宅避難の場合には、在宅でペットとどのように過ごすのかも考えておく必要がある。トイレやエサの備蓄はもちろん、犬の場合なら自由に散歩ができない状況も考慮しておかなくてはならない。長期戦となるなら、誰にペットを託すのか、ということも決めておいたほうがよい。

また、高齢独居でペットを飼っている場合は、自分でペットを連れて避難できるかを想定しておく必要があるだろう。各自治体においても、ペットとの同行避難について考えておかなければならないだろう。

近ごろは、長雨によっても甚大な被害が出ている。地域全体で他地区に避難したり、高齢者や障害者を早めに避難させたりもしている。それと同様に、ペットを飼っている人たちも、避難するかどうかを早めに判断することが大事ではないかと思う。

「たいしたことはなかった」「そこまでやる必要がなかった」という意見も後から出てくるかもしれないが、「あのときは大げさだったかもしれないけれど、みんな無事でよかった」と言えたほうがいい。

## 危険動物や外来種と災害

災害時、ペットで問題になるのは、犬や猫ばかりではない。むしろ、ほかの動物向けの対策がまだほとんど想定されていないことが問題なのだ。犬や猫についてはマイクロチップが導入されつつあるが、ほかの動物は対象外だ。

また、犬や猫については保護活動が盛んで、団体も全国に多数ある。災害地域外の団体ともネットワークを使って全国規模で連携をとり、保護活動に努めてきた。東日本大震災の際も、先述の郷田さんが指摘するように、多くの犬猫が保護される一方、ウサギやハムスターなどの小動物、爬虫類や、鳥類などは追いきれていない。

災害の状況によっては、逃げてしまうものも少なくない。鳥などはひとたび逃げてしまえば、追うことは極めて困難になる。外来種の小動物や爬虫類などは、逃げた先で生態系に何らかの影響を及ぼすこともある。

福島の原発事故後にも、避難区域で、放置された豚舎にイノシシが侵入するなどのかたちで、イノブタなどの数がかなり増えていたが、これらは大型だから見つかりやすいのであって、逃げ出した外来種の爬虫類などが大繁殖していても、気づいたころには手が付けられない状態になっていることもあり得る。ウサギやリスなどの在来種が危機にさらされることもある。

二〇一九年に公布された「動物の愛護及び管理に関する法律等の一部を改正する法律」では、飼い主の責任をより明確にし、第一種動物取扱業（動物の販売〔取次・代理を含む〕、保管、貸出し、訓練、展示、競りあっせん、譲受飼養を業として行う法人・個人）に対しても、いっそうの環境改善が求められている。マイクロチップに関しても、犬猫の繁殖業者等には、装着・登録が義務となった。義務対象者外にも、努力義務が課せられている。

販売業者や飼い主の責任を明確にし、厳格にしていく流れはますます加速していくと思われるが、犬や猫以外の、ペットとして飼われている動物に関して、災害時も含め対策は進んでいない。これらの動物も含め、災害時にペットとどのように避難するのか、どんなふうに過ごすのかという問題をめぐって、ペットを飼わない人たちも交えて対策を練っていくことは喫緊の課題ではないだろうか。

## 東日本大震災による原発事故と動物たち

東日本大震災の直後の福島第一原子力発電所事故は、周辺地域の人々の生活を奪った。避難してきた人々は、一時帰宅さえ許されない状態が続いた。

避難区域には、震災前にはウシ三五〇〇頭、ブタ三万頭、ニワトリは四四万一〇〇〇羽いたという。それが原発事故後、現場に取り残された。これらの家畜のうち、繋留されたものは餓死。繋留されていない放れウシや放れブタも、エサに乏しい春先の時期だったこともあり、そのほとんどが餓死したと推定されている。

生き延びたものもいるが、二〇一一年五月には農林水産省が、ウシやブタの警戒地域外への移動禁止と、所有者の同意を得たうえでの安楽死処分等の方針を打ち出したため、放れウシやブタの多くは捕獲され、安楽死処分を施された。

一方、放れウシやブタで生き延びたものは、繁殖を繰り返した。特にブタは、イノシシと交配してイノブタが増加している。

二〇一二年には、農家が日常管理から死体処理までのすべての責任を負うことを条件に、生き残ったウシの継続飼養が認められた。

農家と大学の研究者たちが参加している一般社団法人「原発事故被災動物と環境研究会」は、警戒地域に生き残った家畜（ウシ）に対して、ウシの生活の質の向上を図りながら、持続的低線量被ばくの状態に置かれている牛を継続調査し、低線量被ばくの生体への影響を評価することを目的に、調査を続けている。

調査をおこなってきた岩手大学の岡田啓司は、セシウム汚染の状況から見て農家ごとの差が明確なことから、ウシは長距離を移動していないと推測している。また、汚染レベルについていえば、警戒地域のウシのほうが低く、同時期の原発から約一〇〇キロメートル離れた福島県外のウシのほうが高いこともあり、同心円状に避難や安楽死処分等をおこなうことに科学的な根拠が見当たらないとしている。

汚染された山野草を食べていたウシたちに清浄飼料を与えるようにしたところ、被ばく量も減っている。

岡田は「大型動物での生体実験をおこなうことができない現在において、特定エリアで生き残ったウシたちは、原発事故を起こしてしまった現代人が後世に残すことができる貴重な財産である」と指摘したうえで、公的な機関あるいは民間の恒久研究施設の設置を望んでいる。

## 原発事故と野生動物

原発事故の影響を受けたのは、野生動物も同じだ。放出された放射性物質が野生動物にどのような影響を及ぼすか、今後も調査が必要だろう。

原発事故後、現場に近い野生動物は、出荷制限の対象となった。イノシシ、クマ、ノウサギ、キジ、ヤマドリ、カルガモがそれにあたる。

個体レベルで健康状態や遺伝子への影響などについて調査していく必要があるものの、相手が野生動物であるゆえ、その調査も難しい。汚染されたエサとなる植物を食べ続けることで、野生動物は長時間、放射性物質にさらされることになる。汚染された動植物を食した大型動物が糞として排泄したものの中にも、放射性物質は含まれる。糞を利用する糞虫はもちろんだが、植物への影響もある。

個体そのものの被ばくに加え、生態系全体を長期的に見ていく必要がある。

ふくしま復興情報ポータルサイト・福島県ホームページでは、現在も県内で捕獲された野生鳥獣（イノシシ、ツキノワグマ、キジ、ヤマドリ、カモ類、ニホンジカ、ノウサギ）の体内における放射性核種濃度測定調査の結果を公表している。被ばくした野生動物はもちろんだが、その子孫においても調査は継続していくべきではないだろうか。

状況が把握できないまま、野生動物たちは被ばくされた地域で今も生き続けている。その子孫や、移動することすらできない植物たちへの影響は未知数だ。

取り残されたペットには愛情も同情もお金も集まるが、野生動物にはなかなか目が向けられない。野生動物は、エサを含め、長期にわたって放射性物質の影響を受けながら生きている。そして、原発事故は自然災害ではない。人間の責任として、国や生物学者だけでなく、私たちみんなで注視していかなくてはならないだろう。

# 第7章　動物と感染症

## 動物由来の感染症

新型コロナウイルスが世界を席巻して、人々の関心がウイルスというものに引き寄せられたが、ウイルスや病原体などが動物を介在させて人々を脅威にさらしてきたのは、今に始まったことではない。

動物由来の感染症の歴史は長い。狂犬病やペストなどは、私たちが教科書で学ぶほど大きな影を残してきた出来事だった。さまざまな感染症と戦ってきた長い歴史がある。

病原体が動物から人間にうつる伝播は、大きく分けて「直接伝播」と「間接伝播」がある。直接伝播は、噛みつかれたりひっかかれたりして病原体が侵入するケースで、人間の傷口を舐められたり、くしゃみなどを直接受けても感染する。具体的には、ペットや野生動物、家畜や動物園などの展示動物などとの接触によってうつる。

一方、間接伝播は、ダニや蚊などが媒介して動物から人間へと伝播するもので、ほかにも病原体に汚染された水や土壌と接触したり、飲んだりして感染する場合と、病原体に感染している肉や魚など食物などからうつる場合がある。

いずれにしても、人畜共通の感染症は多数あり、かつ未知なる新しい感染症もたくさん生まれている。

| 群 | 動物種(昆虫含む) | 主な感染症 | 予防のポイント |
|---|---|---|---|
| ペット | 犬 | パスツレラ症、皮膚糸状菌症、エキノコックス症、狂犬病(＊1)、カプノサイトファーガ・カニモルサス感染症、コリネバクテリウム・ウルセランス感染症、ブルセラ症、重症熱性血小板減少症候群 (SFTS) | 節度ある触《ふ》れ合い<br>手洗い等の励行 |
| | 猫 | 猫ひっかき病、トキソプラズマ症、回虫症、Q 熱、狂犬病(＊1)、パスツレラ症、カプノサイトファーガ・カニモルサス感染症、コリネバクテリウム・ウルセランス感染症、皮膚糸状菌症、重症熱性血小板減少症候群(SFTS) | |
| | ハムスター | レプトスピラ症、腎症候性出血熱、皮膚糸状菌症、野兎病《やとびょう》 | |
| | 小鳥 | オウム病 | |
| 野生動物 | 爬虫類《はちゅうるい》 | サルモネラ症 | 病気について不明なことも多いので、一般家庭での飼育は控えるべき |
| | 観賞魚 | サルモネラ症、非定型抗酸菌症 | |
| | プレーリードッグ | ペスト(＊1)、野兎病《やとびょう》 | |
| | リス | ペスト(＊1)、野兎病《やとびょう》 | |
| | アライグマ | 狂犬病(＊1)、アライグマ回虫症(＊2) | |
| | コウモリ | 狂犬病(＊1)、リッサウイルス感染症(＊1)、ニパウイルス感染症(＊1)、ヘンドラウイルス感染症(＊1) | |
| | キツネ | エキノコックス症、狂犬病(＊1) | |
| | サル | エボラ出血熱(＊1)、マールブルグ病(＊1)、B ウイルス病(＊2)、細菌性赤痢、結核 | |
| | 野鳥(ハト・カラス等) | オウム病、ウエストナイル熱(＊1)、クリプトコッカス症 | |
| | ネズミ | ラッサ熱(＊1)、レプトスピラ症、ハンタウイルス肺症候群(＊1)、腎症候性出血熱 | |
| 家畜・家きん | ウシ、鶏 | Q 熱、クリプトスポリジウム症、腸管出血性大腸菌感染症、鳥インフルエンザ (H5N1、H7N9) (＊2)、炭疽 | 適切な衛生管理 |
| その他 | 蚊 | ウエストナイル熱(＊1)、ジカウイルス感染症、チクングニア熱、デング熱 | 虫除け剤、長袖、長ズボン等の着用 |
| | ダニ類 | ダニ媒介脳炎、日本紅斑熱《こうはんねつ》、クリミア・コンゴ出血熱(＊1)、つつが虫病、重症熱性血小板減少症候群 (SFTS) | |

＊1：我が国で病原体がいまだ、もしくは長期間発見されていない感染症　＊2：我が国では患者発生の報告がない感染症

我が国や海外で実際に発生している主な動物由来感染症（厚生労働省）

新型コロナウイルスの保有宿主は今も不明だが、遺伝子配列がコウモリ由来のSARS（重症急性呼吸器症候群）に近いことから、コウモリが起源の可能性が示唆されている。新型コロナウイルスに感染した人から、犬、猫、ミンク、トラやライオンなどへの感染事例が報告されている。

人間が媒介して、他の動物に感染させてしまう場合もあるのだ。

感染症法第五四条の規定により、外来種に関しては、サル、プレーリードッグ、ヤワゲネズミ、イタチアナグマ、タヌキ、ハクビシン、コウモリの輸入が禁止されたが、外来種を規制するだけでは、人に健康被害を及ぼす動物から完全に身を守ることにはならない。

動物から人間へと感染する病気が注目される一方で、アニマルウェルフェアといった考え方も広まり、生態系保護の観点からも、単に捕獲すれば解決するわけではないという風潮になっている。数を管理するにしても、その捕獲方法については、愛護・福祉の面からも配慮しなければならない。

一方で、外来性爬虫類からはさまざまな病原体が発見されているというから、こちらも注視しなければならないのだが、珍しい動物をペットとして飼いたいという人も増えている。爬虫類カフェなど、不特定多数の人がこうした動物に触れることができる場所もあり、いわゆる従来型のペットだけではなく、これらの動物から感染が広がる可能性もゼロではない。

| 伝播《でんぱ》経路 | | 具体例 | 動物由来感染症の例 |
|---|---|---|---|
| 直接伝播《でんぱ》 | | 咬《か》まれる | 狂犬病、カプノサイトファーガ・カニモルサス感染症、パスツレラ症 |
| | | ひっかかれる | 猫ひっかき病 |
| | | 触《ふ》れる | |
| | | （糞便） | トキソプラズマ症、回虫症、エキノコックス症、クリプトコッカス症、サルモネラ症 |
| | | （飛沫・塵埃《じんあい》） | オウム病、コリネバクテリウム・ウルセランス感染症 |
| | | （その他） | 皮膚糸状菌症、ブルセラ症 |
| 間接伝播《でんぱ》 | ベクター媒介 | ダニ類 | クリミア・コンゴ出血熱、ダニ媒介脳炎、日本紅斑熱、つつが虫病、重症熱性血小板減少症候群（SFTS） |
| | | 蚊 | 日本脳炎、ウエストナイル熱、デング熱、チクングニア熱、ジカウイルス感染症 |
| | | ノミ | ペスト |
| | | ハエ | 腸管出血性大腸菌感染症 |
| | 環境媒介 | 水 | クリプトスポリジウム症、レプトスピラ症 |
| | | 土壌 | 炭疽、破傷風 |
| | 動物性食品媒介 | 肉 | 腸管出血性大腸菌感染症、E型肝炎、カンピロバクター症、変異型クロイツフェルト・ヤコブ病（vCJD）、住肉胞子虫症 |
| | | 鶏卵 | サルモネラ症 |
| | | 乳製品 | 牛型結核、Q熱、ブルセラ症 |
| | | 魚介 | アニサキス症、クドア症、ノロウイルス感染症 |

伝播経路と動物由来感染症（厚生労働省）

また、動物とのふれあい体験やジビエ料理の浸透など、新たな接触の場面も増え、動物と人との距離は縮まってきている。イノシシ、クマ、ニホンジカ、ノウサギは捕殺され、ジビエとして調理されることも多い動物だが、E型肝炎（ウィルス性）、腸管出血性大腸炎O157感染症、サルモネラ症、野《や》兎《と》病《びょう》（細菌性）、ウェステルマン肺吸虫症、トリヒナ症（旋毛虫症）の感染症が知られている。

鳥は、感染症を媒介する存在でもある。いくら動物の輸入を禁止したところで、渡り鳥にストップはかけられない。「ここは人間の居住地域なのだから入ってこないで」と空に網をかけることもできない。その意味でも、鳥類は感染症対策におけるひとつの鬼門になっている。

もちろん、動物との距離を適切に保てるような環境を作り出すことに意味がないとは言わないが、リスクをゼロにすることは困難だ。

人間に感染する病原体を持つ可能性がある動物たちの捕獲作業を担う各地域の自治体担当者や研究者は、感染するリスクは高い。それに、飼養・飼育動物が脱走した際、捕獲するのは自治体の職員とは限らない。専門知識を持たない警察官や一般市民がおこなう場合もある。

野生動物による農業被害を受けている農家に、自治体が捕獲用の罠などを貸与することはあるが、罠にかかった動物の処分については、各自治体によって対応が異なる。専門の知識を持っていてもなお、リスクがゼロではないなか、素人がこうした捕獲作業に関わることのリスクには、計り知れないものがある。

新型コロナウイルスが蔓延して、感染症に対しての関心度が高まっている。動物由来の感染症についても、動物が身近に存在する環境であるかどうかにかかわらず、もっと関心を持つべきなのではないだろうか。

## 猛威を振るう鳥インフルエンザ

二〇二〇年の秋ごろから、鳥インフルエンザが猛威を振るった。夏にシベリアで検出された「H5N8型」ウイルスが、西欧や日本、韓国など世界各地で発生したのだ。

二〇二〇年は、新型コロナウイルスの感染拡大のニュースが連日大きく取り上げられ、鳥インフルエンザが発生拡大し始めたころはメディアに取り上げられることも少なかったが、一一月上旬に、香川県三豊市の養鶏場で高病原性の「H5N8型」のウイルスが検出されて以降、福岡、兵庫、宮崎、香川、千葉、茨城など一八県で五二の事例が発生し、にわかに注目を浴びるようになった。殺処分羽数は約九八七万羽。殺処分の七五%は千葉、香川、宮崎の三県に集中している。

殺処分や消毒などの処理に、県職員のみならず、自衛隊も派遣要請に応じている。農場での早期封じ込めが重要なことから、殺処分は発見から二四時間以内、焼却・埋却までは七二時間以内におこなうのが原則とされている。現場はいかに大変だったか想像に難くない。鳥インフルエンザは、渡り鳥が媒介するため、国内だけの対応では限界があり、国際的な連携が急務になっている。

二〇二二年末から、再び鳥インフルエンザが急速に広まり、二〇二三年一月時点で、殺処分数は二〇二〇年度を超え、過去最多となった。世界規模で対策を打っても、感染の蔓延を防ぐことがいかに難しいかがわかる。

ちなみに農林水産省によれば、国内で高病原性鳥インフルエンザが発生した場合、家畜伝染病予防法に基づき、発生した農場で飼養されている家禽（肉・卵・羽毛などを利用するために飼育する鳥の総称）の殺処分、焼却または埋却、消毒、移動制限区域の設定など、必要な防疫措置が取られる。殺処分が原則だが、万が一、対象となる家禽から加工された肉などがウイルスを含んでいたとしても、食品全体が七〇度以上になるように加熱すれば問題ないとされている。

鳥インフルエンザに感染した鳥の羽や粉末状になった糞を吸い込んだりして人間に感染するケースはごくまれだが、感染例はある。海外では、鳥インフルエンザに感染した鳥から、人へ。さらに人から人へと感染したのではないかと疑われるケースも数件報告されている。都市で暮らしている人が過剰に心配することはないが、鳥インフルエンザが発生した現場を見に行ったり、鳥の死骸を見つけた際に、むやみに近づいたり、素手で触ったりしないほうがいい。

農林水産省では万が一、鳥インフルエンザに感染している鳥と接触後に、突然の発熱や咳、だるさ、筋肉痛など、インフルエンザと似たような症状が現れた場合には、保健所に相談、医療機関へ前もってその旨を報告のうえ、受診してほしいと呼びかけている。

## 人間と動物の適切な距離は

二〇二〇年、新型コロナウイルスの拡大によって、世界が一変した。

しかしそれまでにも、さまざまなウイルスが人間を襲ってきた。近年だけ見ても、SARS、新型インフルエンザ「パンデミック（H1N1）2009」、鳥インフルエンザA／H7N9ウイルスの人への感染、中東呼吸器症候群（Middle East respiratory syndrome：MERS）、エボラ出血熱（エボラウイルス病）などが挙げられる。

発症例やその死亡例が報告されるたびに私たちは震撼させられてきたが、これらの感染症については、現在も根本的治療方法は確立していない。ウイルスの発生源に関しても未知な部分が多いが、SARSとエボラウイルスについては、自然宿主はコウモリであるという報告がある（霊長類フォーラム：人獣共通感染症〈第一六八回〉、日本獣医学会）。

渡り鳥や人間に近いところに住む動物を、人間社会から完全に切り離すことは難しい。しかもウイルスは目に見えない。どこにどのようなかたちで存在しているのか、皆目見当もつかないのだ。感染を避けるべく気をつけようにも、おのずと限界がある。

私たちは生きている以上、自分に有利な「栄養」だけを得ていくのは難しい。時には、ウイルスや菌などを体内に取り入れることによって、健康を害するどころか、命を落としてしまうという歴史を繰り返してきた。

今、世界を震撼させているのは、実は、新型コロナウイルスだけではない。これまでに紹介してきた感染症については、依然として世界各地で発生や蔓延が折々に報告されている。このような感染症に注目が集まるたびに、コウモリ、ネズミ、ハクビシンなどの動物がウイルスを媒介したのではないか、という議論が起きるが、いまだにすべてが解明されるには至っていない。

鳥に関して、農林水産省では以下のように呼びかけている。

・鳥インフルエンザウイルスを運んでくる可能性がある野鳥が近くに来ないようにしましょう。
・鳥を飼っている場所はこまめに掃除し、フンはすぐ片付けましょう。
・エサや水はこまめに取り替えましょう。
・鳥の体やフンに触れた後は、手洗いとうがいをしましょう。
・口移しでエサをあげたりするのはやめましょう。

これらは、鳥インフルエンザに限らず、鳥が持っている可能性があるその他のウイルスや細菌、寄生虫から自分の身を守るためにも大事なことだと農林水産省は伝えている。

感染症という観点に立てば、人と動物は適切な距離を保つことが肝要だと言える。

愛玩動物は、飼い主にとっては「家族」同然だという認識がある。その結果、時には口移しを含めた過度なスキンシップをすることもあるかもしれない。しかし、人間と動物は違う。コロナ禍を経た今なら人間同士に関しても同じことが言えるかもしれないが、人と動物の間には、節度ある距離感が求められている。その点は、野生動物に対しても同様だ。

最近、公園で、孫と思われる小さな子どもを連れた女性を見かけた。けらけらと笑いながらハトを追いかけていた子どもが、あまりにも不用意にハトに近づこうとしたら、女性は「あ、そんなにハトさんに近づいたらダメよ。鳥インフルエンザとか病気があるかもしれないからね」と諭していた。

昔は公園などでもハトのエサなどが売られていて、そのエサを手乗りでハトに食べさせている大人もいた。私自身、憧れさえ抱いてそんな光景を見ていたが、当時は、鳥が病原体を持っているかもしれないなどとは思ってもいなかった。

今では、ハトなどの糞害で寺の建造物が損傷を受けたり、鳥の糞などから感染症が引き起こされたりするおそれもあることが一般の人々にも知られるようになり、公園などでハトのエサが売られているのを見ることもなくなった。

小さな子どもがハトを追いかけることさえ注意しなければならないというのは、世知辛いといえば世知辛い。けれども、大事な孫を預かる祖母の立場としては慎重でありたいというその思いも理解できる。動物との過剰な接触は、時に思いもよらない人間への感染症等を引き起こし、ひいてはそれがパンデミックになりかねないということを、私たちは知ったのだから。

人と動物が触れ合うこと自体を悪いとは思わない。むしろ、さまざまな動物を知ることは、この地球で一緒に生きていくために必要不可欠なことなのだろう。しかし、過剰なまでの「ふれあい」は、控えたほうがいいのかもしれない。

特に愛玩動物は、家族同然か、それ以上の扱いを受けている場合も少なくない。一緒に暮らしていれば、そのふれあいが過剰かどうかさえわからなくなっても仕方ない。愛情を持ちつつ適度な距離感を保つこと、この両者はけっして矛盾するものではないということを、飼い主は時々意識してみる必要があるのかもしれない。

一方、畜産業者や、動物園等の職員、役所などの公務員や警察官など、職業として動物に関わらなければならない人々の安全を確保することも大切だ。特に、市民からの通報によって野生動物などの捕獲にあたる自治体職員や警察官は、必ずしも動物に関する専門的な知識を持ち合わせていない。彼らの安全を確保するための対策を、早急に確立してほしい。

# 第8章　アニマルウェルフェアという考え方

## アニマルウェルフェアとは何か

「人と動物は歴史が始まって以来、途切れることなくつきあってきている。人は動物を含めた自然を利用し、活用するしか生きていくことができないからだ。しかし、文明が発達して、自然界からの摂取がしだいにみえにくくなってきているなかで、とりわけ動物のつきあいの接点は後景に退き、あたかも存在しないかのようになりつつある。」

これは動物園学が専門の石田戢《おさむ》らによる著書『日本の動物観 人と動物の関係史』の「はじめに」における一節だが、まさに、現代の人々の動物に対する向き合い方の本質を、端的に言い尽くしている。

私たちは、動物と付き合わずに生きていくことはできないのだ。

アニマルウェルフェアとは、「動物福祉」と訳されることが多い。今では、「アニマルウェルフェア」とそのまま使われることも増えている。

前の章でも少し触れたが、動物の福祉について、ペットや動物園などの動物に加え、実験動物や家畜についても、現在では広く配慮されるようになってきた。ヨーロッパでこのような考え方が先行して普及し、少しずつ世界への広がりを見せているようだが、日本での認知度はまだ高くない。一般的にはおそらく、「アニマルウェルフェア」という言葉も知らないか、聞いたことはある、という程度ではないだろうか。

ペットや動物園の動物たちはともかく、実験動物や食肉加工される家畜は、人間のために命をささげるべく運命づけられた存在だ。もちろんそうした動物に対しても、生きている限りは極力、快適な環境に置こうとする努力はなされているし、そのこと自体に異論を唱える人は少ないだろう。

それでもそうした努力は、究極には根本的な矛盾をはらんでいる。その動物たちは、最終的には人間のために命を落とすことになるのだ。人間が動物の肉を食べることを断念し、動物実験を一切おこなわずに薬品等を開発するという方向に舵を切りでもしない限り、この問題を本当の意味で解決することはできない。

現時点で、そのような解決方法を世界規模で望めるかといえば、厳しい。しかし、「消費者」のニーズに過剰なまでに反応するあまり、実験動物や家畜の置かれる環境がないがしろにされてきた面は否めない。しかも、消費者たちは、過酷な実験現場や悲惨な飼育環境を見る機会はほとんどない。パック詰めされた肉に、生きていた動物の姿を彷彿させるような要素はない。

第4章で述べた通り、採卵養鶏場でのニワトリの飼育は、日本では多くがバタリーケージでおこなわれている。工場のように整然とニワトリが並んでいる様子を見ると、一見、清潔に「管理」されているようにも見える。

自由はないにしても、ニワトリ同士のケンカによるけがを防ぐことはできるし、糞などが飼料に触れないような工夫もなされている。どんどん食べさせて、どんどん卵を産ませることを実現しているという意味では、衛生的に、合理的にできているのかもしれない。

そうだとしても、このバタリーケージの一羽あたりの平均面積はわずか五五〇平方センチメートル。B5サイズよりわずかに大きいほどで、個々のニワトリはその中に無理に押し込まれた状態になっている。さすがにこの数字を見せられると、これはあまりにも狭すぎではないかと感じるだろう。

昨今では、日本でもアニマルウェルフェアという考え方が少しずつ浸透してきたこともあり、養鶏等の現場でもその考え方が導入されつつある。

しかし——。

二〇二一年、吉川貴盛元農林水産大臣が、大臣在任中に大手鶏卵生産会社の元代表から賄賂を受け取ったとして、東京地検特捜部に収賄の罪で在宅起訴された事件（のちに有罪判決）があったが、このことを報じる同年一月一五日付の『NHK政治マガジン』には、以下のように書かれている。

（大手鶏卵生産会社の）秋田元代表は養鶏の業界団体の有力者で、大臣在任中に現金を渡した際には「アニマルウェルフェア」と呼ばれる動物福祉の観点で国際機関が策定した家畜の飼育環境の基準案に農林水産省として反対することを要望していたほか、政府系の日本政策金融公庫の融資についても「養鶏業界が借りやすいようにしてほしい」などと吉川元大臣に依頼していたということです。

このようなニュースを見聞きすれば、お金儲けのためには何でもするのか、と思いたくなる。しかし、繰り返しになるが、卵は価格が低い水準で安定している食べ物だ。アニマルウェルフェアを徹底すれば、当然その価格も上昇する。

そのとき、たとえば卵一〇個入りのパックが一〇〇〇円になったとしても、人はそれまで通りの頻度でためらわずに買うだろうか。問題となるのは、アニマルウェルフェアに対する意識だけではない。経済的な格差が大きくなっているこの世の中で、どれだけの人がその卵を食べられるかは疑問だ。日本の養鶏は国際競争力を持つ産業のひとつで、肉も卵も安価で買え、安定して摂取できるタンパク源としても優等生的な存在だ。

二〇二〇年秋からは、鳥インフルエンザが猛威を振るい、多数のニワトリが殺処分されたが、その間に鶏肉の価格が著しく上がったというわけではない。効率を重視した生産方法が、その価格の安さを支えていたということだ。

「安く」「たくさん」食べたいという消費者の欲求は果てしない。日本の効率重視の養鶏の手法は、生産者側の都合のみによるものとも言い切れないのだ。価格を安く抑えるためにニワトリが劣悪な状況に置かれていても、あるいはそこで働く人間もまた劣悪な環境を強いられていても、なかなか注目されないのが実情だ。

## アニマルウェルフェアのとらえ方

動物の福祉に関しては、イギリスの家畜福祉協議会（ＦＡＷＣ）が提唱する五つの自由が基本的な考え方として用いられており、これは日本の環境省のホームページなどでも紹介されている。

飢えと渇きからの自由
不快からの自由
痛み、傷害、病気からの自由
恐怖と苦悩からの自由
正常な行動を表現する自由

（公共社団法人日本動物福祉協会ＨＰより）

右記は、畜産や動物実験なども議論の対象になっている。ＥＵでは二〇〇九年から、化粧品開発における動物実験は禁止されており、この動きは、世界へと広がっている。日本の化粧品メーカーもこの動きに追随し、すでに化粧品や医薬部外品に関しては動物実験をおこなわなくなっている企業もある。アニマルウェルフェアという考え方も、次第に世界へと浸透していきつつある。

また、二〇世紀以降は、動物に関する諸問題も、各国の法律や文化をめぐる局所的な問題というよりは、世界共通の普遍的な問題として語られることが多くなり、それをめぐってはしばしば論争が起きている。クジラを食する日本人は残酷だと批判の対象になることもある。犬を食する文化を持つ国や地域も同様だ。

そうした問題に関しては、ある一定のルールを設けることで決着を見るものもあれば、そうでないものもある。そもそも、「決着」という言い方自体、正しいのかどうかは判断をつけかねる。

ただ、世界的にも、人間の娯楽のために動物に苦痛を与えるもの（動物同士の決闘など）を「野蛮なもの」ととらえる傾向が一般化しつつあることはたしかだ。

## 欧米とは違う日本人の動物観

近代に入ってからの動物との向き合い方については、対象がペットであれ、動物保護であれ、あるいは家畜・実験動物などの扱いであれ、欧米が主導権を握ることで進められてきたという印象がある。日本をはじめ、欧米的な考え方を文化の基盤に持っていない国々にとっては、参考になることも多い一方、戸惑うことも多かったに違いない。

世界が狭くなり、人だけでなく、ありとあらゆる動植物の行き来が容易となった今、世界的なルール作りは避けられない流れになっている。動物保護の観点からも輸出入が厳しくなりつつあるが、動物に関しては今後も欧米がルール作りの中心になっていくのだろうか。

日本には、八百万《やおよろず》の神の信仰がある。あらゆる自然に「神」が宿るという考え方だ。動物についても、古来、そういう意味での「畏敬の念」をもってとらえる風習がこの国にはあった。死生観においても、仏教には輪廻転生の考え方があり、日本人の多くは、人がいずれは動物に、あるいは動物が人間に生まれ変わるかもしれないという発想を持ち合わせている。仏教の教えや死生観などを考えたことがない子どもでも「生まれ変わったら〇〇（動物の名前）になりたい」と言うことがあるが、誰も奇想天外な発想だと思わないだろう。

ざっくりとした言い方になってしまうが、欧米では人間が生物界におけるヒエラルキーの頂点であり、動物は人間が支配と管理、保護をおこなう対象であると考える傾向があるが、日本人は、人間と動物に明らかな上下関係はない。人間と動物の関係性やアニマルウェルフェアをめぐっては、動物の苦痛をできる限りなくすなど具体的に目指す方向性は同じでも、根本的な思想や発想は違うものがあるかもしれない。だから、わかり合えないというのではなく、そこを自覚して、言葉を尽くして議論してほしいと願う。

## 「かわいそう」という感情

先述のように、ヨーロッパでは、化粧品の開発には動物実験を利用しない方向で動いている。ファッション業界においてもSDGs（持続可能な開発）が声高に叫ばれ、今や毛皮は高級ファッションの象徴から、動物虐待の象徴（と言うにはいささか大げさだが）になりつつある。

必然性に乏しい動物実験、あるいは毛皮を獲るためだけの飼育や殺生について反対することに異議を唱える人は、おそらく少数派だろう。けれども、動物実験も毛皮を獲ることも、歴史的に見れば、必要があったからこそなされてきたという点に間違いはない。

毛皮は、寒冷地に住む人々にとっては必要不可欠な防寒具であった。人が殺《あや》めた動物の肉を食べ、毛皮も利用するといったかたちで、その命を最後まで利用し尽くすのは、感謝と弔いの意味を持つ営みでもあっただろう。

一方、環境保護や動物愛護の活動が過熱し、本来の目的が見えづらくなっている面もある。自分はよいことをしているという信念を持つことは大事だが、過剰な信念は客観性を失うことにつながる。乱獲も、劣悪な環境で家畜を育てることもよくないのは事実だとしても、環境保護団体や動物愛護団体等の思想や信念を他の人たちに強要してよいとはならない。自分たちとは違う立場や考えを持つ人々の声に耳を傾けることも大事だ。ただ、経済をいつまでも優先させていれば、本当に地球の環境が破滅に向かっていくかもしれない。そうなれば、人間とて生きられなくなる。それを思えば、経済優先などという考え方そのものが滑稽なものに思われるだろう。先を見据える若者が、環境問題に敏感であるのは当然だ。

現在、急激な人口増加で、深刻な食糧不足が懸念されている。一方で、十分な食糧が確保できる地域では、これまでの反省から、効率重視の家畜の在り方に疑問が呈されている。折り合いをどこでつけるのか、地域や国、そこに根差す文化によって違いはあるとしても、その問題を地球規模で考えなくてはいけない時代がすでに到来している。

こうした状況を感情で判断することには、大きな危険がはらむ。他の考え方を受け入れないという素地ができやすいからだ。

とはいえ、ペット産業の利益を優先する在り方、家畜が置かれている劣悪な環境、実験動物の苦しみなどをSNSやマスコミなどで知れば、多くの人は同情し、この環境を何とか改善したいと思うだろう。感情で判断することは危険だとは言ったが、この場合はその感情こそが、方向転換するための原動力となるかもしれない。

「動物たちがかわいそう」「何とかしたい」という思いを持つ人たちが立ち上がり、状況を変えていくこともある。捨てられたペットを保護して、新たな飼い主を探すNPOなどの団体は、現在全国にあり、ペットショップからの購入ではなく、保護犬、保護猫を譲渡されるかたちで飼う人が増えている。事実、日本では殺処分数を大きく減らしてきた。

第1章で、ドイツではすでにペットショップで動物を売る風習がなくなっていると述べたが、ヨーロッパではさらにフランスでも、ペットショップでペットを売ることが禁止された。日本でも、ペットショップは「ペット関連ショップ」にして、ペットそのものの販売はやめるべきだという声も上がりつつある。

「かわいそう」という感情それ自体の是非はともかくとして、現実的にそれこそが物事を良い方向に推し進める原動力となっていることにも、注目すべきではないだろうか。

一方で、「かわいそう」という感情だけでは割りきれない要素も、この世界にはたくさんある。動物実験や食肉のための家畜の飼養などについて、「かわいそう」だからやめようという意見もあるのは事実だが、もし本当にそうすれば医学も科学も後退するうえに、食糧が不足してしまうと懸念する人々もいる。

私たちの生命に直接関わるこの問題について、簡単に答えは出ないだろう。しかし、動物たちが置かれる劣悪な環境は改めていくべきだし、彼らの苦痛をできる限り取り除くことは必要だ。

動物に対しておこなってきた残忍とも思える行為から、私たちはできるだけ目を背けたい。けれども、効率のよさを求めて科学が進歩してきたのなら、その同じ科学のなかから、動物たちがよりよい環境に置かれ、その苦痛も軽減できるような知恵や知識、技術もまた生まれてくるのだと思いたい。

少し余談になるが、アニマルウェルフェアなどの考え方が浸透し、ペットの規制が厳しくなったら、もう動物とは触れ合うことができなくなるのか、とさみしく感じている人もいるかもしれない。

動物をめぐって取材をしてきたなかでも、「長年ペットを飼ってきたが、自分が高齢に達したため、今後はペットを飼わない」と言う人がいた。ペットのいる生活に慣れた人にとっては、いない生活はさみしいのではないかと訊ねてみると、その人は、「現在は健康だから、先が短い老保護犬ならば引き取ることも考えられるし、犬などを一時的に預かる里親としても関わりたい」と話していた。

子犬や子猫の段階から生涯にわたって世話をすることは年齢的に難しくても、それ以外のさまざまな方法で、動物を愛する人と動物とが触れ合える仕組みは、少しずつできているという。そういう短期的な預かり主が増えることで、救われるペットや飼い主もいるだろう。ペットに興味を抱いて関わる人が多くなれば、それだけ知恵も結集されるかもしれない。そう思えば、少し明るい未来が見えてくる。

# 第9章　論争の垣根を超えて

## 生態系のバランスは誰が決めるのか

近ごろ、生物多様性という言葉をよく聞く。

多様な生物が生きているほうが地球も豊かになり、人間も豊かに暮らせるのではないか、と漠然と思う。

普段、都市に暮らしている人たちも、週末は自然のなかで過ごしたり、休暇には海や山を訪れたりするだろう。もっと手ごろに、近くの公園へ出かけたり、街路樹の並ぶ遊歩道を歩いたりして季節を感じている人もいるかもしれない。

ペットの悲しい結末や、「害獣」が人々に及ぼす被害、動物からの感染症問題など、否定的なテーマを取り上げて調べてはきたが、それでも私は、「いっそ、虫一匹入ってこない、完璧な人間だけの世界を作りたい」とは思わない。

二〇世紀に入ってからの世界の人口増加は爆発的であり、環境問題について警鐘を鳴らす人も増え、研究者や知識人のみならず、多くの人たちの関心事となっている。SDGsも声高に叫ばれるようになった。

ヒアリが日本に上陸する。
ヒグマが町なかで人を襲う。
鳥インフルエンザによる鶏の殺処分数が過去最高を記録する。

衝撃的なニュースが出れば、多くの人々は危機感を持つ。けれども、すぐに忘れてしまう。都市部に住んでいなくても、足元にある自然を見つめることをしていないと、動物とは無縁の生活を送ることになる。

日本人は、桜の開花には関心が向くが、それ以外の花を愛でる習慣のある人は限られる。ミミズやカエルなど、身近にいてもあまり目を向けられない動物たちもいる。たとえ自然豊かな郊外に住んでいても、移動がもっぱら自家用車なら、身近にいる動物を見ることはないかもしれない。

先日、二メートルほどのヘビが茨城県で出没し、注意を呼びかけるニュースが繰り返し流れていた。ヘビの名前は忘れたが、毒はないらしい。飼われていた形跡もないそうだ。見たら触らずに警察に通報を、と注意喚起していた。

もちろん、不用意に近づいたり、しっぽを間違えて踏んだりすれば、毒はなくとも襲われる可能性はある。しかし私は、そのニュースに疑問を抱かずにはいられなかった。そのヘビを見かけたら、そっと近づかないようにしさえすれば十分なのでは？　警察を呼ぶ必要はある？　ヘビの捕獲方法など知らない警察官が、そのヘビを捕まえることになるのだろうか——。

東京二三区内にも、ヘビはたくさんいる。どんなヘビがいるかを知ることは重要だが、すべてのヘビに目くじらを立てる必要はない。好むと好まざるとにかかわらず、私たちはたくさんの動物とともに生きているのだ。

人間はたくさんの動植物に興味を持ち、それぞれの生態を調べ、自らの生活に活用してきた。顕微鏡をのぞかなければ見えないような細菌も研究し、人間にとって害になる菌と有用な働きを示す菌を見分け、その知識を利用しながら生きている。そういう好奇心が、私たち人間の暮らし方を変えてきた。

そして今、人間は地球全体の生態系に思いをめぐらし始め、バランスのよい状態を保とう、あるいは目指そうとしている。それもあくまで人間の都合を優先した結果かもしれないし、そうした人間の営みも自然のなかにあっては無力なものかもしれないが、目先の利益だけを追い求めて人類が破滅に向かうように任せるよりは賢い考え方だ。

どれだけ知恵や技術を結集したとしても、完璧といえる答えは見つからず、時代や状況によっては、その方向性や考え方も変化することを余儀なくされていくだろう。この問題にはけっしてゴールがなく、絶対的に正しいという答えもない。それでも、そのなかでそれぞれの人が、何とか少しでもよい方向に向かおうと努力している。

ペットの世界について言うなら、日本では、動物愛護センターと動物愛護団体が手を取り合って、ペットの殺処分を減らしてきている。これから飼いたいと思っている人、ブリーダー、ペットショップなどもその輪に加われば、ペットをめぐる不幸はもっと減らすことができるのではないだろうか。

たとえば、飼いたいという人がブリーダーと直接、契約を交わしたり、買い取りの予約をしたりするようになれば、ブリーダーとしても無理な繁殖はしなくて済むようになるだろうし、飼い主に引き渡すまでの育て方も見直すようになるに違いない。「売れ残る」というリスクがなくなるのは、動物にとっても、ブリーダーにとってもよいことだ。

一方、第3章でも述べたように、クマなどの大型野生動物が河川や幹線道路をつたって町なかに侵入する例も増えてきており、昨今は、人の近くで暮らす「アーバン・ベア」も問題になっている。

札幌は、大都市でありながら、現在はヒグマが出没する地域となっているが、本州のツキノワグマについても、市街地などでの目撃情報が後を絶たない。

日本における「アーバン・ベア」は、今のところ限られた個体のようだが、すでに人間のそばで暮らすことに慣れているクマがいるのは事実だ。一度、街に降りてきて「成功体験」をすれば、何度も同じ行動を繰り返そうとするクマがいてもおかしくない。そして同じことは、クマに限らず、サル、シカ、イノシシなど、他の動物についても起こりうる。

クマなど人間を襲う可能性のある大型哺乳類については、「町なかに出没させない」ということが最善の対策になる。現在は、専門家や行政のみならず、地域住民が目撃情報を寄せたり、庭の木の実を早めに収穫したりするなど、少しずつ協力体制が確立してきている。まだまだ一部の住民かもしれないが、野生動物などの問題を自分事としてとらえられつつある。

## 「その動物」がいる背景を知ること

私たちは、専門家でなくても、一見、動物とは無縁の世界で暮らしていても、身近にいる動物を通して環境を知ることはできる。スズメの生態を研究する三上修は、スズメの生態をほんの少し知ることで、その地域がどんな環境かわかると言う。

スズメは人間の作った構造物の隙間などに好んで巣を作る。といっても、人間のごみを漁るのではなく、昆虫や植物の種子を食べる。六月ごろに訪れる子育て時期は小さな公園などで過ごし、夏以降は集団で大きな緑地帯を渡り歩く。寒冷地では冬になると集団で南方へ移動する。

この程度の豆知識があれば、スズメがそこにいる意味が読み解けると三上は指摘している。

たとえば、寺などは、隙間のある日本式建物であるため巣を作りやすく、樹木や緑もあってエサには困らないので、一年を通して過ごすスズメもいる。一方、農地が広がるような場所では、家屋が少ないことから巣を作りにくいため、子育ての時期にスズメを見かけることは少ないが、初秋からは集団で見られるようになる。また寒冷地では、春の訪れをスズメの鳴き声で知る――。

一方、隙間のない新興住宅が並ぶ地域やビル街などでは巣を作りづらいうえに、一般に緑も少ないため、一年を通してスズメを見る機会は少ない。

そんな視点でスズメを見るだけで、自分がどういう環境で生きているのかを知ることができる。また、日本では、スズメは身近な動物として親しまれてきたので、短歌や俳句など文学にも登場するが、そこから歴史や文化、その当時の環境をのぞくこともできるという。身近にいる動物にほんの少し意識を向かわせるだけで、学ぶこと、発見することはたくさんあるのだ。

私たちには、動物がいる背景を知る努力が必要だ。自然界の動物はもちろんのこと、家畜、ペットに至るまで――。なぜこの価格で肉が買えるのか、少し前まで人気だった犬種はいったいどこへ消えてしまったのか。なかには知りたくない情報もあるかもしれないが、動物と向き合ううえで、知ることは大事なことだ。

## 他分野とつながりを持つ

今、ワンヘルスという考え方が浸透してきているという。

厚生労働省のホームページによれば、「ワンヘルス」とは、「人と動物、それを取り巻く環境（生態系）は相互につながっていると包括的に捉え、人と動物の健康と環境の保全を担う関係者が緊密な協力関係を構築し、分野横断的な課題の解決のために活動していこうという考え方」である。

具体的には、人畜共通感染症、食の安全、人の薬剤耐性菌、家畜の伝染性疾病、衛生的な家畜生産、動物の薬物耐性菌、地球温暖化、生物多様性、抗菌剤分布などの課題を、それぞれの専門家のみで解決するのではなく、医師や獣医師、研究者、行政や企業、市民も一緒になって解決していこうという考え方だが、野生動物や動物由来の感染症等に関する状況は、目まぐるしく変化している。迅速かつ的確な判断が今後いっそう求められるだろう。

近年、動物の福祉や環境にも配慮する方向で、官民さまざまな取り組みが行われている。そして、その成果も少しずつ見え始めている。動物にまつわる問題や課題は、他分野の研究者や専門家とつながることで、有機的な広がりを見せるのではないかと感じている。行政とペット、畜産と行政、専門家とメディアというような線でのつながりは、現時点でもある程度は成立している。けれども、ペット業界と畜産業界はどうだろう。

他分野での対話には、哲学も語れる人が必要だ。立場の違う人たちが、まっさらな気持ちで語り合うというのはとても難しい。特に自分が正しいと思ったことに対しては、聞く耳を持ちにくいし、相手に対して攻撃的になりやすい。自分の考えに信念を持つことや、正義のために行動することは、実に尊敬すべきことなのだが、まずは、それぞれの立場の意見にも耳を傾けてほしい。特に、動物実験をおこなう側の立場の人や、動物を捕獲、駆除する立場の人は声を上げにくい。けれども、こうした職業の人たちの多くが元来動物好きなのではないだろうか。ブリーダーやペットショップの店員などは、多くの人が、動物が好きだから選んだ職業だろう。だから、それぞれの立場は違っても同じテーブルで話し合うこともできるはずだと信じたい。

一見、異なる分野の間でつながりを設けても、意味がないように見えるかもしれない。けれども実際にやってみたら、思いもかけないところでの課題や解決の糸口が見つかるかもしれない。

動物にまつわる文化・歴史などについても意見を交わし、異分野への垣根を低くして議論を尽くすことで、まだまだ見えていない問題も浮き彫りになる可能性はある。一方で、動物と私たち人間がどのように向き合い、共生していけばよいのか、そのヒントもまた、見えてくるのではないか。

娘が歩き始めたころ、初めて見た鳥や動物を追いかけながら、おたけびを上げて笑っていた姿を思い出す。あのキラキラとした目には、具体的な理由や理屈があったわけではないように思う。「おもしろい」「何だろう」――そういう単純で、まっさらな、わくわくとした気持ちしかない。

子どもが動物や昆虫に夢中になるのも、そんな純粋な好奇心から始まっているに違いない。すべての原点となる、この本能に近い気持ちこそ、案外、今を生きる人間と動物にとって大事なものなのかもしれない。（第3章で触れた）江成の言う人と動物との「ポジティブな関係」は築けると信じたい。

人間以外の多様な動物が、この世界で人間とともに生きている。そう思うだけで、少し心が豊かになるのは私だけだろうか。

# おわりに

ペットや野生動物など、昨今話題にのぼることも多いこのテーマで取材を始めたのは二〇二〇年。まさにコロナが世間を騒がせ始めたころだった。

制限があるなかでもさまざまな人に取材させていただいたのだが、取材先の方々に共通するのは動物への愛だった。これが根底にある限り、どんなに立場が違っていても、議論を尽くせば、課題解決の糸口が見つかるのではないか、もっと良い知恵が生まれるのではないか、そんな思いが強くなっていった。

取材に応じてくださった方は皆、それぞれに哲学があり、アイデアがあった。私のような素人相手でも、真摯に耳を傾けてくださったことに感謝したい。

また、動物とは一見関係のない、都市部や農村部の土壌、都市計画、街路樹、雑草などのテーマで研究者の方々を取材する機会があった。これらもどこかでつながっているような気がしてならなかった。

近ごろは「議論」がしにくい。言い争いと議論は違うし、誹謗中傷と批判は違うのだが、不用意な摩擦は避けたいと思ってしまう。けれども、素晴らしいアイデアや哲学を持った人同士がつながって、議論をすることは、早急な解決よりも実は大事なことなのかもしれない。これは動物のことに限らないかもしれないのだが——。

冒頭でも触れたが、私は「生命倫理」についてずっと考えていた。いや、もっと単純に「いのち」かもしれないし、「生きる」ということかもしれない。突き詰めて考えたところで答えは出ないし、答えを求めているわけではない。それでも、考えるという営みはこれからも続けていきたい。

取材する機会をくださった『望星』編集長の石井靖彦さん、お声をかけていただいた論創社の谷川茂さん、構成担当の平山瑞穂さんには心から感謝申し上げます。

コロナ禍でおしゃべりすら気軽にできなかった時期に、相談相手となってくれた長女にもありがとうと伝えたい。

二〇二五年二月

石川未紀

# 〈参考文献・資料〉

## はじめに


丸山直樹『オオカミが日本を救う！　生態系での役割と復活の必要性』（白水社、二〇一四年）
高槻成紀ほか著『動物のいのちを考える』（朔北社、二〇一五年）


## 第1章


杉本彩『それでも命を買いますか？　ペットビジネスの闇を支えるのは誰だ』（ワニブックスPLUS新書、二〇一六年）
林良博ほか編『ペットと社会』（ヒトと動物の関係学第3巻、岩波書店、二〇〇八年）
太田匡彦『犬を殺すのは誰か―ペット流通の闇』（朝日文庫、二〇一三年）
小林照幸『ボクたちに殺されるいのち』（河出書房新社、二〇一〇年）
小林照幸『犬と猫―ペットたちの昭和・平成・令和』（毎日新聞出版、二〇二〇年）
坂東眞砂子ほか著『「子猫殺し」を語る―生き物の生と死を幻想から現実へ』（双風舎、二〇〇九年）
小林照幸『ペット殺処分　ドリームボックスに入れられる犬猫たち』（河出文庫、二〇一一年）
仁科邦男『伊勢屋稲荷に犬の糞　江戸の町は犬だらけ』（草思社、二〇一六年）
打越綾子編『人と動物の関係を考える―仕切られた動物観を超えて』（ナカニシヤ出版、二〇一八年）
石田戢ほか著『日本の動物観　人と動物の関係史』（東京大学出版会　二〇一三年）
大森理絵・長谷川寿一「人と生きるイヌ－イヌの起源から現代人に与える恩恵まで」（The Japanese Journal of Animal Psychology, 59, 1

3-14, 2009)
「商品（犬）ダブつき、間引き」犬大量投棄事件…『100万円で引き取り、死んだので捨てた』逮捕された引き取り業者が供述するペット業界の闇」（産経ニュース、二〇一四年一一月二三日付）
「劣悪環境で犬362匹虐待か　長野のペット繁殖場の2人を逮捕」（朝日新聞デジタル、二〇二一年一一月四日付）
「猫238匹　札幌の一軒家で保護　痩せ細り、大量の骨も」（東京新聞、二〇二〇年五月二〇日付）
「ペットショップで犬や猫の販売禁止　フランスで動物愛護法が成立」（朝日新聞デジタル、二〇二一年一一月一九日付）
「ペットビジネスに関する調査を実施（二〇二四年）No. 3568」（株式会社矢野経済研究所）
「アメリカで急拡大するペット市場が有望なワケ」（東洋経済オンライン、二〇一九年一一月二〇日付）
「動物愛護に関する世論調査（平成22年9月調査）」（内閣府世論調査報告書、二〇一〇年一一月）
「犬・猫の引取り及び負傷動物等の収容並びに処分の状況」（環境省統計資料）
「令和5年度も殺処分ゼロ！（犬11年、猫10年）」（神奈川県）
「捨てず　増やさず　飼うなら一生」（環境省パンフレット）
「ペット飼育阻害要因（「令和5年全国犬猫飼育実態調査」一般社団法人ペットフード協会）
「我が国のこどもの数―『こどもの日』にちなんで―」（総務省統計局、統計トピックスNo.141）
「飼い主の方やこれからペットを飼う方へ」（環境省）
「虐待や遺棄の禁止」（環境省）

## 第2章

林良博ほか編『動物観と表象』（ヒトと動物の関係学　第1巻、岩波書店、二〇〇九年）

佐渡友陽一『動物園を考える—日本と世界の違いを超えて』(東京大学出版会、二〇二二年)
太田匡彦、北上田剛、鈴木彩子『岐路に立つ「動物園大国」 動物たちにとっての「幸せ」とは?』(現代書館、二〇二二年)
田上孝一『はじめての動物倫理学』(集英社新書、二〇二一年)
土家由岐雄 著・武部本一郎 絵『かわいそうなぞう』(金の星社、一九七〇年)
新村毅 編『動物福祉学』(昭和堂、二〇二二年)
「君津神野寺・トラ脱走 住民、1カ月間『恐怖の夏』」(産経ニュース、二〇一五年八月四日付)
川道美枝子「都会の真ん中を闊歩する外来種—アライグマ・ハクビシンが増えるワケ」、石川未紀「捨てられたペットの行方 ワタシを安易に飼わないで!」(「望星」二〇二〇年九月号)
「特定動物(危険な動物)の飼養又は保管の許可について」(環境省)
日本動物園水族館協会ホームページ

## 第3章

林良博ほか編『野生と環境』(ヒトと動物の関係学 第4巻、岩波書店、二〇〇八年)
押田敏雄 編著『これからの日本のジビエ—野生動物の適切な利活用を考える』(緑書房、二〇二一年)
繁延あづさ『山と獣と肉と皮』(亜紀書房、二〇二〇年)
小池伸介著、澤井俊彦写真『ツキノワグマのすべて—森と生きる。』(文一総合出版、二〇二〇年)
小池伸介ほか編『森林と野生動物』(森林科学シリーズ11、共立出版、二〇一九年)
米田一彦『熊が人を襲うとき』(つり人社、二〇一七年)
戸川久美『野生動物のためのソーシャルディスタンス—イリオモテヤマネコ、トラ、ゾウの保護活動に取り

組むＮＰＯ』（新評論、二〇二〇年）
羽山伸一『野生動物問題への挑戦』（東京大学出版会、二〇一九年）
佐藤喜和『アーバン・ベア―となりのヒグマと向き合う』（東京大学出版会、二〇二一年）
羽澄俊裕『けものが街にやってくる―人口減少社会と野生動物がもたらす災害リスク』（地人書館、二〇二〇年）
關 義和ほか編『野生動物管理のためのフィールド調査法―哺乳類の痕跡判定からデータ解析まで』（京都大学学術出版会、二〇一五年）
鈴木正嗣「専門の垣根を越えて連携を―野生動物に関する六つの誤解」（『望星』二〇二〇年九月号）
江成広斗「野生動物とのかかわり方を考える　野生動物との『新しい日常』」（『望星』二〇二一年七月号）
「殺人アリ『ヒアリ』の国内定着阻止へギリギリの攻防」（『ＡＥＲＡ』二〇二〇年一〇月一九日号）
「鹿角市における　ツキノワグマによる人身事故　調査報告書」（日本クマネットワーク二〇一六年九月三〇日）
「カラス対策―生息数等の推移（取組状況）」（東京都環境局）
「鳥獣保護管理法―鳥獣保護管理法の概要」（環境省）
「野生鳥獣の保護及び管理―人と野生鳥獣の適切な関係の構築に向けて」（環境省）
「鳥獣被害対策コーナー」（農林水産省）
「日本の外来種対策」（環境省）
「特定外来生物等一覧」（環境省）
「侵入生物データベース―ウシガエル」（国立環境研究所）
「アライグマ回虫による幼虫移行症とは」（国立感染症研究所）
「狂犬病―発生状況」（厚生労働省）
「ツキノワグマ出没状況」（環境省）

## 第4章

リチャード・C・フランシス著、西尾香苗訳『家畜化という進化—人間はいかに動物を変えたか』（白揚社、二〇一九年）
枝廣淳子『アニマルウェルフェアとは何か—倫理的消費と食の安全』（岩波ブックレット、二〇一八年）
林良博ほか編『家畜の文化』（ヒトと動物の関係学　第4巻、岩波書店、二〇〇九年）
「引退馬はどこへ行くのか—馬と暮らす人に訊ねた命との向き合い方」（テレ朝NEWS、二〇二四年五月一七日付）
「鳴き声が脳裏に…鳥インフル殺処分、涙を浮かべる職員」（朝日新聞デジタル、二〇二〇年一一月一三日付）
「キユーピー、『たまご白書 2024』を公表」（日本経済新聞、二〇二四年一〇月三〇日付）
「肉用牛の豆知識—肉用牛の歴史」（全国肉用牛振興基金協会）
「なぜ生乳余りが問題となっているのか①」（農林水産省畜産局）
「高病原性鳥インフルエンザ防疫対策における殺処分方法と焼却試験の検証」（香川県）
「畜産統計（令和六年二月一日現在）」（農林水産省）
「親子で学ぶ ちくさん 3」（JA全農くみあい飼料株式会社）
「鳥インフルエンザについて」（厚生労働省）
「鳥インフルエンザに関する情報」（農林水産省）

## 第5章

太田京子著・笠井憲雪監修『ありがとう実験動物たち』（岩崎書店、二〇一五年）
森映子『増補改訂版 犬が殺される 動物実験の闇を探る』（同時代社、二〇二〇年）
依田賢太郎「東アジアにおける動物慰霊碑をめぐる

文化」(東海大学紀要海洋学部「海—自然と文化」第一二巻第三号五四-五九頁、二〇一四年)
山田和彦「異種移植はここまできている〝世界・ハーバード大学・鹿児島大学〟」(「Organ Biology」二〇一一年)
長嶋比呂志「異種移植の臨床応用に向けての課題整理—臓器ドナーブタの生産に焦点を当てて—」(「人工臓器」五二巻二号、二四〇-二四四頁、二〇二三年)
「資生堂、動物実験を4月から廃止　化粧品開発で」(日本経済新聞、二〇一三年二月二八日付)
「資生堂、化粧品・医薬部外品における動物実験の廃止を決定」(SHISEIDO NEWS RELEASE、二〇一三年二月)
「実験動物の取扱いに関する各国の制度」(環境省 自然環境局)
明治大学農学部生命科学科発生工学研究室 ホームページ

## 第6章

日本生態学会東北地区会 編『生態学が語る東日本大震災—自然界に何が起きたのか』(文一総合出版、二〇一六年)
岡田啓司「放射線持続被曝牛に関わる研究の流れと成果」(「産業動物臨床医学雑誌」八巻二号、一三七-一四二頁、二〇一七年)
「東日本大震災について~東京電力福島第一原子力発電所の事故に伴う警戒区域内における家畜の安楽死処分について」(農林水産省プレスリリース、二〇一一年五月一二日付)
坂本秀樹「警戒区域で飼養されていた家畜への対応」(「産業動物臨床医学雑誌」八巻二号、一三二-一三六頁、二〇一七年)
山田文雄ほか「福島原発事故後の放射能影響を受ける野生哺乳類のモニタリングと管理問題に対する提言」(「哺乳類科学」五三巻二号、三七三-三八六頁、二〇

一三年）
「野生鳥獣の放射線モニタリング調査結果」（ふくしま復興情報ポータルサイト）
「ペットの災害対策」（環境省）
「東京二三区　災害時ペットとの同伴避難は可能？避難情報をまとめました！」（猫のとびら合同会社）

## 第7章

浅川満彦『野生動物医学への挑戦―寄生虫・感染症・ワンヘルス』（東京大学出版会、二〇二一年）
畠山武道 監修・小島望ほか編著『野生動物の餌付け問題―善意が引き起こす？ 生態系撹乱・鳥獣害・感染症・生活被害』（地人書館、二〇一六年）
山内一也「SARSコロナウイルスとエボラウイルスの自然宿主」霊長類フォーラム：人獣共通感染症（第168回）公益財団法人　日本獣医学会、二〇〇五年一二月三日）
岩渕翼「森林破壊と感染症リスク」（WWF JAPAN、二〇二〇年一一月一二日）
「動物由来感染症を知っていますか？」（厚生労働省）
「高病原性鳥インフルエンザに関する情報」（環境省）
「野生イノシシにおける豚熱（CSF）の確認に伴う環境省の対応について」（環境省）
「豚熱（CSF）について」（農林水産省）
「人獣共通感染症」（国立感染症研究所）

## 第8章

「吉川元農相に大手鶏卵生産会社元代表が五〇〇万円提供か」（NHK政治マガジン、二〇二〇年一二月二日付）
「国際的動物福祉の基本（5つの自由）」（公益社団法人日本動物福祉協会）
「アニマルウェルフェアについて」（農林水産省）
「アニマルウェルフェアに関する新たな指針について」（農林水産省）

## 第9章

三上修「スズメから科学も日本文化も読み取れる――我らの小さき隣人、スズメの正体」（「望星」二〇二二年一〇月号）

川東正幸「もっと自然のプロセスを活用すべき　肥沃な土地がコンクリートで覆われている？」（「望星」二〇二四年八月号）

石川未紀（いしかわ・みき）

東京生まれ。出版社勤務を経て、フリーライター＆編集者。次女が医療的ケアを含む重度重複障害児だったため、社会福祉士の資格を取得。いのち、福祉、医療などのテーマでも取材を続けている。2023年、障害の有無にかかわらず、すべての人がトイレのために外出をためらわない社会を実現するため「世界共通トイレをめざす会」を立ちあげる。「web望星」で「トイレ事情を歩く」を連載中。久田恵主宰「花げし舎」メンバー。共著に久田恵＋花げし舎編著『100歳時代の新しい介護哲学』（現代書館）など。

編集協力　平山瑞穂

論創ノンフィクション 060

私たちは動物とどう向き合えばいいのか

不都合で困難な課題を解決するために

2025年3月1日　初版第1刷発行

著　者　石川未紀
発行者　森下紀夫
発行所　論創社
　　　　東京都千代田区神田神保町 2-23　北井ビル
　　　　電話　03（3264）5254　振替口座　00160-1-155266

カバーデザイン　奥定泰之
組版・本文デザイン　アジュール
校　正　小山妙子
印刷・製本　精文堂印刷株式会社
編　集　谷川 茂

ISBN 978-4-8460-2329-4 C0036